Sam Loyd

Die kniffeligsten mathematischen Rätsel

Sam Loyd

Die kniffeligsten mathematischen Rätsel

Neue Denksportaufgaben für kluge Köpfe
105 Aufgaben und Lösungen

Ausgewählt und herausgegeben
von Hans Landolin

DUMONT

Erste Auflage 2007

Aus dem Englischen von Michael Zillgitt und Carsten Heinisch

Umschlag: Zero, München
Gesetzt aus der StempelGaramond
Gedruckt auf säurefreiem und chlorfrei gebleichtem Papier
Druck und Verarbeitung: Clausen & Bosse, Leck
Printed in Germany
ISBN 978-3-8321-8043-0

Einführung

Sam Loyd muss ein eindrucksvoller Zeitgenosse gewesen sein. 1841 in Philadelphia geboren, war Amerikas berühmtester Spieleerfinder und Rätselspezialist schon früh allem verfallen, was mit Knobeleien zu tun hat. Bereits mit zehn Jahren war er ein hervorragender Schachspieler, mit 29 Jahren belegte er Platz 16 der Weltrangliste. Berühmt aber wurde er nicht für sein Spiel, sondern für seine Schachaufgaben. Vierzehnjährig veröffentlichte er sein erstes Schachproblem, mit sechzehn wurde er Redakteur des berühmten »Chess Monthly«, Amerikas führender Schachzeitschrift. Seine eigenwillige, manchmal spleenige Leidenschaft für den besonderen Zug und die herausfordernde Kombination machte viele seiner Aufgaben zu Klassikern. Ab seinem dreißigsten Lebensjahr verschrieb sich Sam Loyd ganz dem Erfinden mathematischer Rätsel und Spiele, die in Zeitungen und Zeitschriften erschienen. Die schiere Menge seiner Einfälle macht ihn als Erfinder einzigartig, gleichzeitig ist jeder einzelnen Aufgabe die diebische Freude anzumerken, mit der Sam Loyd seine Leser ins mathematische Dickicht lockt. Neben diesen »Puzzles« entwickelte er Gesellschaftsspiele und originelle Werbegeschenke – und wurde so zu einem reichen Mann.

Erst 1912, im Jahr nach seinem Tod, erschienen die gesammelten Kinderrätsel unter dem Titel »Sam Loyd's Puzzles«. Zwei Jahre später gab sein Sohn die legendäre Zusammenstellung »Sam Loyd's Cyclopedia of 5000 Puzzles, Tricks and Conundrums with answers« heraus, die eine Unmenge von Rätseln präsentierte. Es ist eine – auch typografisch – wilde Mischung verschiedenster Denksportaufgaben, die alle Sam Loyds große Leidenschaft für die trickreiche Aufgabenstellung verbindet. Im Zentrum stehen mathematische Aufgaben mit hübschen Illustrationen, daneben aber auch kurze Wortspiele, Scherzfragen, Rebusse usw. – anders wäre die im Titel versprochene gewaltige Zahl von Aufgaben gar nicht zu erreichen gewesen.

Diese Schatzkiste durchwühlte Martin Gardner für die von ihm 1959 und 1960 herausgegebenen Auswahlbände aus der »Cyclopedia«. Deren deutsche Übersetzungen erschienen 1978 und 1979 im DuMont Buchverlag und wurden 2003 in einer einbändigen Ausgabe zusammengefasst. Sam Loyd machte in seinen Rätseln kaum einen Unterschied zwischen seriöser Mathematik und Scherzaufgaben, ging es ihm doch in erster Linie darum, seine Leser geistig beweglich zu halten. Martin Gardners Auswahl beschränkte sich ganz auf die mathematischen Rätsel, für die Sam Loyd zu Recht berühmt war.

In dieser neuen Sammlung sollen zumindest einige Beispiele anderer Gattungen vorgestellt werden: »Die Spieler, die alle gewinnen«, Nummer 6 dieses Bandes, ist ein klassisches Rätsel, die Nummer 73, »Rechtsprobleme«, dagegen stellt ein antwortloses Paradox vor, während »Perpetuum Mobile«, die Nummer 102 der Auswahl, nichts als eine Scherzaufgabe sein will. Sam Loyd war ein Kind seiner Zeit, was an den politisch bisweilen haarsträubenden Geschichten abzulesen ist, in die er seine Aufgaben bettete. Für eine Aufgabe wie die Nummer 66, »Durch den japanischen Minengürtel«, würde man heute gewiss eine andere Rahmengeschichte wählen, aber die historische Patina lässt diese Rätselsammlung zugleich zu einer unterhaltsamen Geschichtsstunde werden.

Sam Loyds große Leidenschaft war es, ein junges Publikum für die Mathematik zu begeistern, weshalb er zwischen die anspruchsvollen Knobeleien auch einfachere Aufgaben streute, als Beispiel für diesen Rätseltyp findet sich die Nummer 12, »Katzen und Kätzchen«.

Für die vorliegende Sammlung wurden die Aufgaben zugunsten der besseren Verständlichkeit und Genauigkeit bearbeitet, wobei Sam Loyds ganz eigener Ton so weit wie möglich bewahrt wurde. Gerade im Lösungsteil ist vorsichtig ergänzt worden, an einigen Stellen habe ich in eckigen Klammern Erläuterungen beigegeben. Mein besonderer Dank gilt den Übersetzern Michael Zillgitt und Carsten Heinisch, deren Arbeit sich nicht auf die reine Wortübertragung beschränkte, sondern eifriges Mitrechnen erforderte. Ihre Anmerkungen sind in Fußnoten angefügt.

Hans Landolin

Aufgaben

1 Passend herausgeben

Wohl jeder Bankkassierer kann von interessanten Erfahrungen berichten, die Abwechslung in seinen Alltagstrott bringen, aber auch von manchen hübschen, allerdings recht kniffeligen Problemen. Was würden Sie zum Beispiel tun, wenn ein betagter Herr, der – wie die meisten Sterblichen – eine Abneigung gegen Zahlen hegt, einen Scheck über 200 Dollar einreicht und Sie bittet: »Geben Sie mir Ein-Dollar-Scheine, zehnmal so viele Zweier und den Rest in Fünfern«?

2 Die verlorenen Pennys

Zwei Marktfrauen verkauften Äpfel, als Mrs. Smith fortgerufen wurde – sie bat Mrs. Jones, die andere Apfelfrau, auch ihre Vorräte zu verkaufen. Beide hatten sie die gleiche Anzahl Äpfel; aber Mrs. Jones besaß größere Früchte und verkaufte je zwei für einen Penny, während Mrs. Smith drei von ihren für einen Penny verkaufte. Nachdem sie die Verantwortung für den Verkauf der Früchte ihrer Freundin übernommen hatte, wollte Mrs. Jones völlig unparteiisch sein, mischte alle Äpfel untereinander und verkaufte nun je fünf Äpfel für zwei Pennys.

Als Mrs. Smith am nächsten Tag zurückkehrte, waren alle Äpfel verkauft, aber als sie ihre Erlöse teilen wollten, waren sieben Pennys zu wenig in der Kasse.

Nehmen wir an, dass die beiden das Geld genau geteilt haben, sodass jeder die Hälfte bekam. Dann besteht die Aufgabe darin zu sagen, wie viel Geld Mrs. Jones in dieser unglückseligen Partnerschaft verlor.

3 Die rätselhafte Wippe

Wenn alle Jungs auf der einen Seite der Wippe hocken, wie viele Mädchen muss man dann auf die andere Seite setzen, um die Wippe wieder ins Gleichgewicht zu bringen?

4 Verwirrende Abstimmung

»Herr Vorsitzender«, erklärte die Sekretärin, »die Abstimmungsergebnisse liegen vor. Dabei war die Zustimmung durch Aufstehen anzuzeigen. Es zeigte sich, dass der Antrag durch eine Mehrheit befürwortet wurde, die einem Drittel der Gegenstimmen entsprach. Aber dieses Ergebnis kam nur dadurch zustande, dass zu wenige Stühle bereitstanden, sodass sich elf Mitglieder nicht setzen konnten, um ihre Gegenstimme kundzutun. Daher möchten wir als Ergebnis bekannt geben, dass die Minderheit den Antrag mit einer Mehrheit von einer Stimme abgelehnt hat.« – Können Sie sagen, wie viele Stimmen bei dieser Abstimmung abgegeben wurden?

5 Was geschah dann?

Bei diesem kleinen Rätsel können die jüngeren unserer Leser Humor und Originalität beweisen: Der böse Junge hat den Elefanten im Zirkus geneckt, doch plötzlich zerriss die Kette um das Hinterbein des Elefanten – und etwas geschah. Was dieses Etwas war, bleibt der Vorstellungskraft und den künstlerischen Fähigkeiten des Rätselfreunds überlassen.

Der Elefant könnte sich auf den Jungen gesetzt oder ihn verschlungen haben, vielleicht hat er sich auf den Kopf gestellt oder sonst etwas getan, was Ihnen gerade einfällt. Die einzige Einschränkung ist, dass das Bild in nur zwei Teile geschnitten werden soll, die neu zusammenfügt das Geschehnis auf möglichst lustige Weise illustrieren.

6 Die Spieler, die alle gewinnen

Allgemein geht man beim Spielen davon aus, dass die Gewinner nur so viel gewinnen können, wie die Verlierer verlieren. Als kleinen Verbesserungsvorschlag möchte ich auf eine gewinnträchtigere Spielweise aufmerksam machen, von der hier erzählt wird:

Vier fröhliche Männer haben ein Spielchen gemacht
Sie spielten zusammen die ganze Nacht.
Es ging ihnen ums Geld und nicht um den Spaß
und jeder mit seinem Blatt zum Spielen dort saß.
Und als sie am Morgen nach Hause schlichen,
hatte jeder das gleiche Geld eingestrichen.
Können Sie sich auf dies Rätsel besinnen?
Wenn keiner verlor, wie konnten alle gewinnen?

7 Die Flaschenpost

Unter all dem Strandgut, das von den Gezeiten oder dem Treibsand an die Küsten getrieben wird, ist nichts so interessant wie eine Flaschenpost; eine solche Nachricht könnte die Abschiedsworte eines Schiffbrüchigen enthalten und das Schicksal eines schon vor langer Zeit untergegangenen, nahezu vergessenen Dampfers ausführlich beschreiben.

Nachrichten aus dem Meer haben in der Vergangenheit herrliche Geschichten von Schiffbruch, Not, Entbehrung und Rettungen in letzter Minute erzählt, und man ist geneigt zu glauben, dass die Schreiber der Nachricht noch immer in arktischen Regionen oder auf unbekannten Inseln leben – manche Fälle wurden auch voll bestätigt. In der britischen Sammlung solcher Erzählungen, die offiziell untersucht und beglaubigt wurden, fanden sich viele wahre Fälle, die auf das Schicksal von Schiffen verwiesen, die vor langer Zeit untergegangen waren. Diese Flaschen waren Jahrhunderte auf den Wellen der Ozeane getrieben, bevor sie endlich an Land gespült wurden.

Wenn man heute allerdings eine Flaschenpost findet, dürften in der Regel das moderne Aussehen des Papiers oder eine nicht allzu lange zurückliegende Jahrgangsangabe auf einer Champagnerflasche einige Zweifel an der Echtheit der enthaltenen Dokumente wecken. Aber das Thema birgt einen solch faszinierenden Zauber, dass der Finder sich durch Argumente, mit denen man die Wahrheit einer wunderbaren Geschichte in Frage stellen könnte, nicht wird beirren lassen.

Hier ist eine Kuriosität in Form eines Rätsels, von dem wir annehmen wollen, dass es schon vor Ewigkeiten geschrieben wurde. Doch in diesen wenigen Zeilen wird die Geschichte so gut erzählt, dass wir nicht nur angeben können, wie lange die Flasche möglicherweise getrieben ist, sondern auch den Namen des Schreibers erraten können. Ja, wir sind so überzeugt von diesen Dingen, dass Nebensächlichkeiten wie der Name des Flaschenherstellers, die moderne Sprache sowie die Unwahrscheinlichkeit, dass ein Schiffbrüchiger seine letzten Worte in Verse setzt, keine Rolle spielen. Wir wollen nur die paradoxen Äußerungen des Schreibers untersuchen, die in ihrer Unvernunft »so gewiss wie die Heilige Schrift« erscheinen. Nun, wer hat das geschrieben?

Ich steuere einen mächtigen Kahn
Mit seltener Fracht aus der ganzen Welt.
Ich steuere keinen Hafen an,
Soll der Wind mich treiben, wohin's ihm gefällt.
Ich treib keinen Handel, will nichts verkaufen,
Mein größter Wunsch ist, auf Grund zu laufen.

8 Peterchens Brezel

Klein Peter hat eine Brezel bekommen, die so verdreht ist wie in der Zeichnung. Er fragt seine Freunde, in wie viele Teile man sie durch einen geraden Schnitt mit einem Messer zerschneiden kann. Nehmen Sie an, dass es sich um eine richtige Brezel handelt, und zeichnen Sie eine gerade Linie, mit der sie in die größtmögliche Anzahl von Teilen geteilt wird.

9 Rätselhafte Schweiz

Der kleine Tommy Riddles stellt den Admiral der Schweizer Marine vor, der um die Hand von Prinzessin Enigma anhält. Zudem fragt er alle klugen Leute: Wie kann man den roten Teil der Schweizer Flagge so in möglichst wenige Stücke zerschneiden, dass man sie zu einem Quadrat zusammensetzen kann? Hier ist alles an Klugheit und Erfindungsgabe aufzubieten, denn mit einem Dutzend oder noch mehr Stücken ist es kinderleicht – aber eine bessere Lösung erfordert eben weniger Stücke.

Dann präsentiert der Schweizer Admiral die berühmte Aufgabe, die bei der Aufnahme in den schweizerischen Staatsdienst, also auch in die Marine, zu lösen ist: In wie viele Stücke kann man mit fünf Säbelhieben einen Schweizer Käse aufteilen?

Schließlich wurde auch dem Admiral ein Rätsel vorgelegt. Von diesem behauptet Tommy Riddles, dass es sogar dem Schachweltmeister Emanuel Lasker Kopfzerbrechen bereitet habe – obwohl man eigentlich kein Schach- oder Damespieler sein muss, um es zu lösen. Es soll ja nur herausgefunden werden, in wie viele Stücke ein

Schach- oder Damebrett zerteilt werden kann, ohne dass zwei der Stücke einander gleich sind. Das kleinste Stück umfasst gegebenenfalls nur ein Quadrat, das größte vielleicht acht oder ein Dutzend, aber alle müssen, wie gesagt, unterschiedlich sein.

10 Der Blumenstrauß

Eine Dame kaufte beim Floristen einen Blumenstrauß für 34 Cent. Sie hatte eine 1-Dollar-Note, ein 3-Cent-Stück und ein 2-Cent-Stück. Der Florist hatte nur zwei Münzen in seiner Kasse und konnte darum nicht herausgeben. Ein gewitzter Zeitungsjunge kam herein, der in seiner Tasche zwei 10-Cent-Stücke sowie je ein 5-, ein 2- und ein 1-Cent-Stück hatte. Er zeigte ihnen, wie sie die finanzielle Situation klären sollten, sodass jeder von ihnen die korrekte Menge an Wechselgeld hatte. Wie ist ihm das gelungen? Anders gefragt: Welche Münzen hatte der Florist in seiner Kasse?

Diese Geschichte trug sich in jenen alten Zeiten zu, als noch 2- und 3-Cent-Stücke in Umlauf waren. Der Junge ist heute erwachsen und Kassierer in einem der größten Bankinstitute der Vereinigten Staaten.

11 Hipity-Hop am Berg

Hipity-Hop, der einbeinige Hausierer, sagt, dass er einen Hügel mit eineinhalb Meilen pro Stunde hinauf- und mit viereinhalb Meilen pro Stunde wieder herunterläuft. Damit brauchte er für den Hin- und Rückweg sechs Stunden. Können Sie sagen, wie weit es bis zum Gipfel des Berges ist?

12 Katzen und Kätzchen

Wir erkennen auf dem oberen Bild, dass vier Katzen und drei ihrer Jungen 37 Pfund wiegen, das untere Bild zeigt, dass drei Katzen und vier Junge 33 Pfund wiegen. Für eine elementare Lektion in Algebra ist nach dem Gewicht von einer Katze und einem Kätzchen gefragt.

13 Frankfurter Würstchen

Drei Jungen aus Harlem verliefen sich auf ihrem Schulweg und landeten am Ende ihrer vergeblichen Versuche, die Schule zu finden, ziellos umherstreifend im Vergnügungsviertel Bowery bei Coney Island, wo sie – da es nun einmal Essenszeit war – ausschwärmten.

Als sie auf dem langen Pier wieder zusammenkamen, hatte Harry vier und Tommy sieben Frankfurter Würstchen besorgt. Um seinen Anteil an dem Bankett zu bezahlen, steuerte Jim elf Cent bei, die Harry und Tommy unter sich aufteilten, um die Finanzen auszugleichen. Es mag für Mathematiker rätselhaft aussehen, aber für diese jungen Burschen, frisch von der Schule, bedeutete es nicht mehr Schwierigkeiten, elf durch drei zu dividieren, als elf Frankfurter Würstchen unter drei hungrigen Mäulern aufzuteilen. Sie brauchten nicht länger dazu als für die Entscheidung, ihre Eltern nicht durch einen Bericht ihres Missgeschicks zu beunruhigen. Was sie ihrem Lehrer erzählen würden, wäre an dieser Stelle allerdings zu kompliziert für unsere Rätselfreunde.

Das vorliegende Rätsel besteht darin zu zeigen, wie die elf Cent korrekt unter Harry und Tommy aufgeteilt wurden, was Ihnen nicht schwer fallen wird, wenn Sie den Preis der Würstchen herausgefunden haben.

14 Die Kamelherde

Ein arabischer Scheich spürte, dass er sterben müsste, rief seine Söhne herbei und sagte:

»Teilt meine Kamele unter euch auf, und zwar so, dass der Anteil des Ältesten die Hälfte beträgt, der des Zweitältesten ein Drittel und der des Jüngsten ein Neuntel.«

Da rief der älteste Sohn: »O mein Vater, die Hälfte, ein Drittel und ein Neuntel ergeben aber kein Ganzes. Wer soll denn den übrigen Teil der Herde erhalten?«

»Gebt es einem armen Mann, der dabeisteht, wenn ihr die Herde teilt«, antwortete der Scheich und verschied.

Als die Herde zusammengetrieben wurde, ergab sich eine neue Schwierigkeit. Die Anzahl der Kamele ließ sich weder durch zwei noch durch drei noch durch neun teilen. Während die Brüder beratschlagten, ritt ein armer, aber pfiffiger Beduine mit seinem Kamel herbei und rief, »Haltet ein, ich verkaufe euch mein Tier für zehn Silberstücke, und dann mögt ihr die Herde aufteilen.«

Die Brüder sahen, dass ein zusätzliches Kamel ihre Schwierigkeiten lösen würde, und gingen auf das Angebot ein. Als aber jeder seinen zugewiesenen Anteil erhalten hatte, blieb ein Kamel übrig.

»Ich bin der arme Mann, der dabeisteht«, sagte der pfiffige Beduine, nahm das Kamel, stieg auf und ritt mit den zehn Silberstücken im Turban davon.

Nun, wie viele Kamele waren in der Herde des Scheichs?

15 Das griechische Kreuz

Berühmte Archäologen und Antiquare wie Augustus Le Plongeon, Heinrich Schliemann und andere zeigen, dass schon die prähistorischen Menschen das einfache Zeichen zweier gekreuzter Riefen als symbolische Darstellung für einen Menschen verwendet haben müssen, so wie auch wir uns in vielen Beispielen merkwürdiger Symbole oder Markenzeichen für ähnliche Zwecke bedienen.

Mein heutiges Thema ist eine Auseinandersetzung mit diesem uralten Zeichen, dessen geometrische Proportionen sich zum sogenannten griechischen Kreuz – einem Kreuz mit vier gleich langen Schenkeln – entwickelt haben. Dieses Kreuz steht seit über 6000 Jahren als Symbol für die menschliche Intelligenz; heute soll es die Wissenschaft und die mathematische Genauigkeit symbolisieren. Wie man ein symmetrisches Kreuz aus fünf Quadraten bildet, war für tausende Jahre als »Hindu-Rätsel« bekannt. Indem man ein Kreuz unter Beachtung des Satzes von Pythagoras in fünf Teile zerschneidet, kann man daraus ein Quadrat legen. Fast alle Rätselbücher führen einen entsprechenden Schnitt durch die vier Ecken an (Abbildung A), um dann das Quadrat B zu bilden.

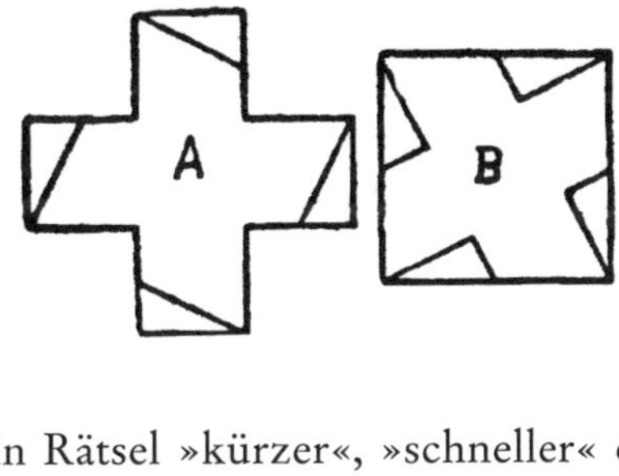

Wenn aber ein Rätsel »kürzer«, »schneller« oder »in weniger Zügen« gelöst werden kann, dann ist es ruiniert. Als ich dem Leiter des Harvard College erzählte, dass sich das Symbol durch Zerlegen in vier anstelle von fünf Teilen in ein Quadrat verwandeln ließe, sagte er mir, das sei unmöglich.

Ich stellte diese Aufgabe als Preisaufgabe in einer Anzeige und bot hundert Dollar für den kürzesten Weg, ein griechisches Kreuz in ein Quadrat umzuwandeln. Mehrere hunderttausend Antworten gingen ein, die das Kreuz jeweils in fünf Teile zerlegten, aber keine einzige Antwort zeigte mir, wie es mit vier Teilen ging. Aber es geht. Finden Sie heraus, wie?

16 Das Rätsel der Hindu-Blume

Hier eine Illustration zu dem berühmten Rätsel der Hindu-Blume. Der Fakir steckt ein Samenkorn in den Hut, und auf einmal erscheint eine schöne Blume. Dann verlangt er, die sieben Teile so umzulegen, dass ein griechisches Kreuz entsteht.

17 Stark herabgesetzt

Es sieht aus, als wollte der Textilhändler seine alten Waren um jeden Preis losschlagen, aber Sie werden sehen, dass er seine Preise mit System herabsetzt: Nach 20 Dollar folgten acht Dollar, dann 3,20 und schließlich 1,28. Wenn er den Preis noch einmal reduziert, ist er beim Einkaufspreis gelandet. Wie hoch ist dieser Preis?

18 Im Rätselpark

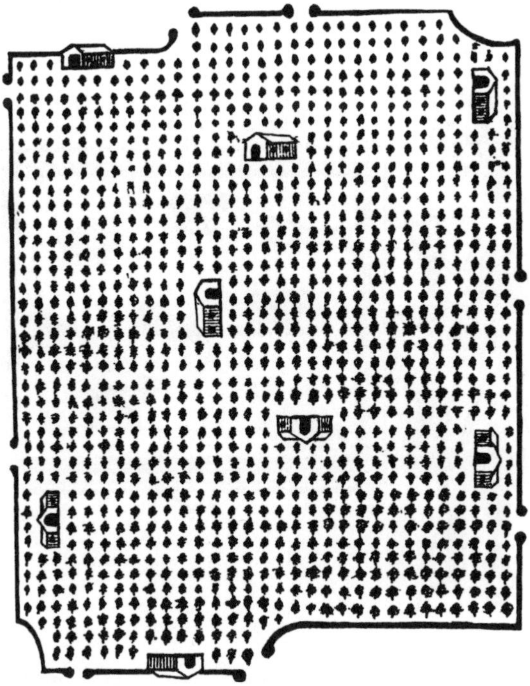

Im Rätselpark stehen acht Häuser, und die Bewohner jedes Hauses dürfen den Park nur durch ihr Privattor verlassen, das in einer direkten Linie vor ihrer jeweiligen Haustür liegt. Jede Familie hat ihren eigenen Privatweg, der zwischen den Baumalleen hindurch zu ihrem Tor führt; keiner dieser Wege kreuzt den Weg einer anderen Familie; kein Bewohner eines der Häuser hat jemals einen seiner Nachbarn getroffen, sodass sie sich niemals streiten. Einige der Privatwege sind krumm und merkwürdig, aber der Besitzer des Geländes, ein großer Rätselfreund, hat jedem der Bewohner eine genaue Karte gegeben, sodass sich niemand verläuft. Hier ist eine der Karten, in die Sie die Wege der Familien durch den Park zu ihrem jeweiligen Tor eintragen sollen. Denken Sie daran, dass jedes Privattor genau gegenüber der jeweiligen Haustüre liegt und dass die Wege sich nicht kreuzen dürfen!

19 Varieté-Rätsel

Nachdem sie ihr verlorenes Schäfchen wiedergefunden hat, taucht Lola-Lola auf der Bühne auf und bittet Sie, ihr mithilfe dreier gerader Linien zu zeigen, wie man jedes der Schafe in einen eigenen Pferch sperren kann.

20 Der größte Fang der Saison

Die obige Zeichnung zeigt den größten Fischfang der Angelsaison, von dem der Meisterangler berichtet: »Die Waage wiegt neun Pfund, und als ich die Fische an die Waagschale hängte, zeigte sie drei Pfund an. Nun kommen die Fische von der Waage herunter und die Schuppen von den Fischen. Dann wiegen die Schuppen ein Fünftel des Gewichts, das der Fisch ohne Schuppen wiegt. Nun bedenken wir, dass der Fisch ohne die Schuppen ein Viertel des Gewichts von Waage und Schuppen zusammen wiegt. Wie schwer ist dann der Angler, wenn er gerade ein Zehntel seines Körpergewichts hochhält?« Und das war die Frage, kümmern Sie sich nicht um den Fisch! Wie schwer ist der Kerl?

21 Münzen zählen

Drei Kolonialisten aus Milwaukee spielten Karten miteinander, zwei Tage ohne Pause. Und als sie die Runde aufhoben, hatte Claus acht Cent gewonnen und sein Bruder Karl 22 Cent. Wie viel Geld* hatte ihr dritter Mitspieler Heindrichs bei Spielende? Wie man im Bild erkennt, hatte jeder gerade zwei Münzen vor sich liegen, und diese sechs Münzen – insgesamt 3 Dollar – sind das gesamte Geld der drei. Wir wollen annehmen, dass sie bei Spielende zusammen genauso viel Geld hatten wie zu Beginn des Spiels, sodass die noch ausstehende Zeche für Bier und Tabak das Problem nicht berührt.

* In den USA gab es zu Sam Loyds Zeit folgende Münzen mit einem Nennwert unter $5: in Gold $3, $2,50, $1; in Silber $1, $0,50, $0,25, $0,20, $0,10; in Kupfer bzw. Bronze 5 Cent, 3 Cent, 2 Cent, 1 Cent.

22 Die Glückspilze

Ein anderes Münzrätsel erzählt von den drei Glückspilzen, die denjenigen, die mit Uncle Sams Münzsystem nicht so vertraut sind, einige Probleme erläutern und dabei auch noch zeigen, dass Glück nichts dagegen ist, richtig gewitzt zu sein. Wie man sieht, sind die drei auf einem Angelausflug gewesen und haben dank ihres üblichen Glücks einen so großen Fang gemacht, dass sie die Fische für $3,90 verkaufen konnten – den ganzen Betrag in sieben Münzen. Das Bemerkenswerteste an dieser Fischgeschichte ist allerdings, dass dieser Betrag zwar durch drei teilbar ist, die sieben Münzen aber so waren, dass sich nicht drei gleiche Beträge bilden ließen. Die drei zerbrachen sich die Köpfe darüber und wurden schließlich sehr zornig; aber einer von ihnen, der jüngste, schlug vor, dass sie – anstatt sich zu prügeln – lieber eine der Münzen wegwerfen sollten, dann könnten sie den Rest leicht gerecht unter sich aufteilen. So warfen sie die störende Münze in einen alten Brunnen (aus dem der junge Bursche, der sehr wohl wusste, dass kein Wasser im Brunnen war, sie am nächsten Morgen wieder herausholte), und indem die drei Erfolgsangler dann den Rest gleichmäßig unter sich aufteilten, konnten sie einen ernsthaften Streit verhindern.

Wie viele unserer Rätselfreunde können den Wert der Münze erraten, die auf Anraten des raffinierten kleinen Burschen in den Brunnen geworfen wurde?

23 Elf Männer in zehn Betten

Hin und wieder erhalte ich Briefe, in denen der Absender – möglicherweise ein Hotelbesitzer auf der Suche nach praktisch verwertbaren Informationen – mich um die Erläuterung des folgenden verblüffenden Rätsels ersucht:

Bei einem Gastwirt tauchte ein plötzlicher Strom von Gästen auf, insgesamt elf Männer auf einmal, und alle wollten ein eigenes Bett. Der Wirt hatte aber nur zehn Betten zur Verfügung. Trotzdem schaffte er es auf folgende Weise, sie alle unterzubringen: Er steckte zwei in das erste Bett, mit der Vereinbarung, dass der zweite ein Bett für sich bekäme, sobald alle anderen untergebracht seien. Dann packte er den dritten in das zweite Bett, den vierten in das dritte Bett und so weiter, bis der zehnte im neunten Bett lag. Damit blieb noch ein Bett übrig, das er nun dem elften Mann, der zeitweise im ersten Bett untergebracht worden war, anbot.

Selbstverständlich verträgt dieses Rätsel keinen strengen mathematischen Beweis. Es basiert auf einer paradoxen Aussage, aber der Fehler ist so gut verborgen, dass man ihn kaum erkennt. Sie werden ihn aber sicher finden.

24 Das Problem des Pythagoras

Vor 2400 Jahren entdeckte Pythagoras, dass das größte der Quadrate über den Seiten eines rechtwinkligen Dreiecks genau denselben Flächeninhalt hat wie die beiden kleineren Quadrate zusammen. Er war so erregt über seinen Beweis, dass das größere Quadrat gleich den anderen beiden ist, ganz gleich, wie groß das zugrunde liegende Dreieck war, dass er all sein weltliches Hab und Gut den Göttern opferte. Aber er wurde verlacht, und man forderte ihn auf, seine Entdeckung den Hunden vorzuführen.

Auf welche Weise lässt sich ein Stück Papier in Form zweier Quadrate, wie es im Bild zu sehen ist, in drei Teile zerschneiden, die zusammen ein großes Quadrat ergeben?

25 Wie macht man Diamanten?

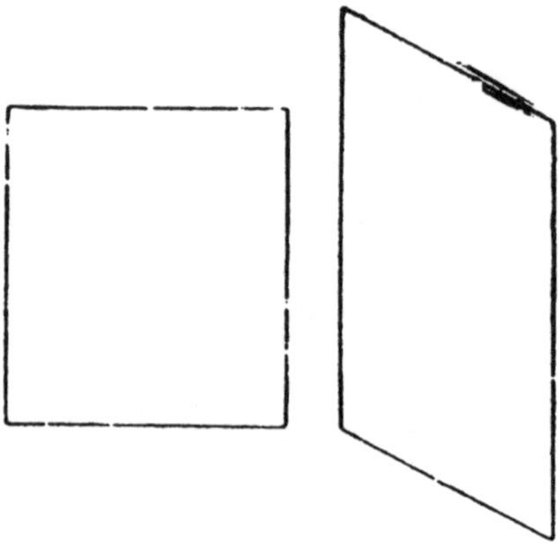

Mit dem folgenden Rätsel lässt sich die Zeit vertreiben oder eine Abendgesellschaft unterhalten. Dazu benötigt man nur eine Schere und etwas Papier, das wie in der obigen Illustration in Form eines Rechtecks oder eines Parallelogramms geschnitten wird.

Die Aufgabe besteht darin zu zeigen, wie man eine der beiden Formen in zwei gleiche Teile zerschneidet, die zusammen einen »Diamanten« (also eine Raute) ergeben. Da beide Rauten gleiche Abmessungen haben, zeigt sich, dass auch die obigen Formen gleich groß sind. Das Rätsel wäre schwieriger, wenn Sie auch beweisen müssten, dass die beiden Formen gleich groß sind, indem man sie einfach nur in zwei Hälften schneidet. Es wird sich herausstellen, dass dazu ein anderer Gedankengang nötig ist, der allerdings auch auf den systematischen Grundlagen der Geometrie beruht, die man ruhig kennen sollte.

Es versteht sich, dass kein Papier ungenutzt bleiben darf, sodass auch die Raute, wenn sie fertig ist, genauso groß ist wie die vorliegenden Formen.

26 Ein Linienrätsel

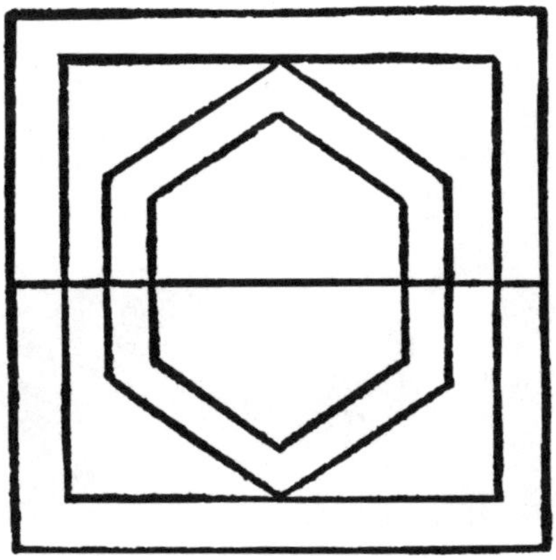

Zeichnen Sie die obige Figur in einem durchgehenden Strich, ohne eine Linie zu kreuzen. Die Aufgabe wird schwieriger, wenn Sie vor das Papier einen Spiegel stellen und beim Zeichnen der Figur nicht auf das Blatt, sondern auf den Spiegel schauen.

27 Das freche Häschen

Das Bild zeigt zwei Blumenstöcke mit seltenen exotischen Pflanzen; einer der Töpfe ist von einem frechen kleinen Häschen umgeworfen worden. Die Aufgabe besteht darin, den umgefallenen Blumentopf entlang der gepunkteten Linie auszuschneiden und so zu platzieren, dass man erkennt, wo sich das freche Häschen versteckt hat.

28 Ein Feld voll Weizen

Nach der legendären Überlieferung wurde das Spiel der Könige, heute als Schach bekannt, von dem weisen Hindu Sissa ibn Dahir erfunden, und sein König Shirahm der Große gewährte Sissa als Belohnung für dieses wunderbare Spiel die Erfüllung eines Wunsches. Sissa verblüffte den König durch seine scheinbare Bescheidenheit: Er wünschte sich ein Weizenkorn auf dem ersten Feld des Schachbretts, zwei Weizenkörner auf dem zweiten, vier auf dem dritten, acht auf dem vierten und so weiter, auf jedem weiteren doppelt so viele wie in dem Feld zuvor, bis zum vierundsechzigsten Feld des Schachbretts.

Der König akzeptierte diesen Wunsch, schickte Sissa zu seinem Schatzmeister und war sehr erstaunt zu hören, dass auf der ganzen Welt in hundert Jahren nicht genug Weizen wachsen würde, um die Schuld bei Sissa zu bezahlen. Sissa jedoch bestand auf der Erfüllung seines Wunschs und erhob Anspruch auf die Weizenernte der ganzen Welt.

Das Spiel hieß ursprünglich das »Spiel der Könige«, doch der König benannte es auf seinem Sterbebett um in »Schach«, was nach dem Wörterbuch der Name für ein widerwärtiges Unkraut ist, das die Braunfäule bei Weizen verursacht. Für den gewöhnlichen Sterblichen ist die Menge Weizen, die zur Auslösung der Schuld an Sissa erforderlich wäre, so groß, dass sein Geist sie in ihrer Unermesslichkeit nicht erfassen kann. Als die Geschichte Steinitz* erzählt wurde, rief er aus: »Das kann nicht wahr sein! Niemand bei Verstand hätte solch eine großartige Erfindung verkauft, nicht einmal für tausendmal so viel!«

Das Spiel verbreitete sich jedoch rasch und regte die kleinen grauen Zellen des Königs so sehr an, dass er das große Weizenproblem lösen und so sein Land retten konnte. Er ließ Sissa zu sich kommen und sagte ihm: »Es ist leicht zu sagen, wie viel Weizen du bekommen sollst. Aber der Weizen muss dann auch korrekt gezählt

* Der naturalisierte Amerikaner Wilhelm (William) Steinitz (1836–1900), ein gebürtiger Böhme, wurde 1886 der erste anerkannte Schachweltmeister überhaupt.

werden. So gehe du mit so vielen Gehilfen, wie du magst, zum Kornspeicher und trage all den Weizen heraus, den du zählen kannst. Aber wenn deine Zählung nicht korrekt ist, dann wirst du wegen Betrugs an der Schatzkammer geköpft werden.«

Als Sissa herausfand, dass ein Mann, dem er eine halbe Rupie pro Tag zahlen musste, zum Zählen der Körner in einem Scheffel Weizen mindestens zwei Wochen brauchte und dass er für den Lohn sechs Scheffel kaufen konnte, verzichtete er auf die Erfüllung seines Wunsches.

Es heißt, für die Lösung der Ausgangsfrage gebe es einen Königsweg. Unsere Rätselfreunde mögen ihn benutzen, wenn sie ihn entdecken. Es sollte jedoch auch kein Problem sein, mit ganz einfacher Mathematik zu berechnen, wie viele Weizenkörner Sissa bekommen sollte.

29 Der fliegende Vogel

Hier ist ein merkwürdiges kleines Rätsel rund um Fragen der Naturphilosophie und der Physik, von denen wir annehmen wollen, dass sie sich mit gesundem Menschenverstand klären lassen. Es ist keine Falle darin, und man muss, soweit ich weiß, dem Vogel auch kein Salz auf den Schwanz streuen. Auch ich kann diese Frage nicht besser beantworten als sonst jemand. Die einfache Frage hat mich aus dem Princeton College erreicht: »Wir wollen annehmen, dass ein Vogel vom Gewicht einer Unze in eine Kiste mit nur einer kleinen Öffnung hineinfliegt. Er fliegt die ganze Zeit in der Kiste umher, ohne sich zu setzen. Wird dadurch das Gewicht der Kiste erhöht oder verringert?«

Ich gebe diese Frage als ein Beispiel für eine ganze Klasse von lehrreichen Fragen an die Leser weiter, die meiner Meinung nach jeder beantworten können sollte, der ein wenig Interesse an Naturwissenschaften und Technik hat. Ich werde gern meine eigenen Ansichten dazu und alle mich erreichenden Lösungsvorschläge zu diesem Thema vorstellen; der Rest der Leserschaft kann mich dann haftbar machen, wenn ich die Lösung falsch angegeben habe.

30 Ein alter Gag neu aufgewärmt

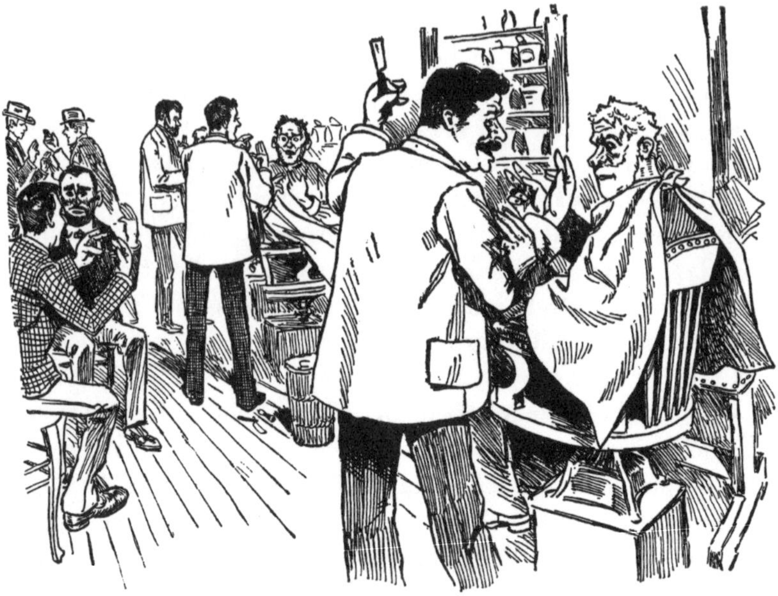

Eines unserer größten Geschäftshäuser war neulich in einem völlig kopflosen Zustand, und das nur aufgrund einer mathematischen Kopfnuss, die schon seit fast einem Jahrhundert umläuft. Es handelte sich um den alten Gag von der Apfelfrau (dieses Problem wird, etwas anders ausgeschmückt, in Rätsel Nr. 2 gestellt), die dreißig Äpfel verkaufte, je drei Stück für einen Cent; eine andere Apfelfrau verkaufte ebenfalls dreißig Äpfel, aber je zwei Stück für einen Cent. Somit erlöste die erste 10 und die zweite 15 Cent, insgesamt also 25 Cent. Am nächsten Tag taten sich die beiden zu einem kleinen Apfelhandelskonzern zusammen und verkauften ihre Äpfel gemeinsam, je fünf Stück für zwei Cent. Aber am Ende des Markts sahen sie, dass der Erlös nur insgesamt 24 Cent betrug, und jede der beiden beschuldigte die andere, den fehlenden Cent stibitzt zu haben.

In dem vorliegenden Fall wurden die Äpfel durch Eier ersetzt, was einigen Menschen offenbar Änderung genug erscheint, dass sie meinen, sie hätten ein neues Rätsel erfunden. Fritz, allgemein als der »rechnende Barbier« bekannt, gab dieses Rätsel an einen Versicherungsagenten weiter, der – obwohl er meinte, er kenne sich gut mit Zahlen aus – das Rätsel nicht lösen konnte, ohne jedermann in dem Barbierladen darüber ins Gespräch zu ziehen. Binnen kürzester Frist kam die Arbeit zum Erliegen, und die Auseinandersetzung verbreitete sich im gesamten Haus und in der Nachbarschaft. Fritz behauptet, es gebe zwei Ansichten dazu: Barbiere, Rechtsanwälte, Ärzte und Geistliche würden der einen Meinung anhängen, Geschäftsleute und Verkäufer der anderen. Ja er behauptet sogar, er könne aus den Antworten zu diesem Rätsel einen Geschäftsmann von einem Kleinhändler unterscheiden. Schauen wir uns dies Rätsel einmal näher an.

Die Geschichte spielt während eines Osterbanketts, bei dem pausenlos insgesamt zehn Dutzend Eier gegessen wurden. Während des ersten Gangs wurden dreißig Eier verzehrt, und zwar drei Stück pro Minute, also insgesamt zehn Minuten lang. Während des zweiten Gangs wurden wiederum dreißig Eier verzehrt, jetzt aber nur noch zwei Stück pro Minute, also insgesamt fünfzehn Minuten lang. Dann endlich im dritten Gang wurden die restlichen sechzig Eier gegessen, erst drei und dann zwei pro Minute, immer abwechselnd, also im Schnitt fünf Eier in zwei Minuten.

»Kümmern Sie sich nicht um die Mathematik bei diesem Fall«, sagt Fritz. »Sagen Sie mir doch einfach, wie lange es gedauert hätte, bis diese zehn Dutzend Eier gegessen sind, wenn nur halb so viele Gäste bei dem Osterbankett gewesen wären.«

31 Fritz, der rechnende Barbier

Fritz, der rechnende Barbier, verspricht seinen Kunden eine erstklassige Rasur und einen Haarschnitt, begleitet von gepflegten Gesprächen und einem Glas Rum, in der Rekordzeit von fünfzehn Minuten. Das Guinness-Buch anerkennt das oben abgedruckte Beweisbild aber nicht als offiziellen Beleg, weil die Stunden- und Minutenzeiger der Uhr nicht zu sehen sind. Sowohl Fritz als auch sein Kunde behaupten jedoch, dass sich am Ende des Kunststücks der Minutenzeiger genauso weit vor dem Stundenzeiger befand, wie er zu Beginn hinter dem Stundenzeiger stand. Wer kann zeigen, wo der Stunden- und der Minutenzeiger gestanden haben müssen, als der Auftrag beendet war?

32 Ein schlauer Münztrick

Harry und seine Schwester versuchen einen jener faszinierenden Münztricks zu lösen, die unsere Jugend so gerne mag. Zehn Münzen liegen wie im Bild auf dem Tisch, sodass man drei Reihen mit je vier Münzen erkennen kann. Die Aufgabe ist, nur zwei der Münzen umzulegen, sodass man fünf Reihen zu je vier Münzen hat. Dies ist ein ganz einfaches Rätsel, denken Sie nur einmal darüber nach: Bewegen Sie zwei Münzen an eine andere Stelle, und schon können Sie fünf Reihen zu je vier Münzen bilden anstatt nur drei!

33 Das Luftschiff

Um einen verbreiteten Irrtum zu korrigieren, der immer wieder beim Berechnen der Zeit für das Segeln mit dem oder gegen den Wind gemacht wird, stelle ich hier ein kleines Rätsel über ein Luftschiff vor und illustriere damit den Fehler, der sich auch in den Rekordflug des berühmten Flugpioniers Santos-Dumont* um den Eiffelturm eingeschlichen hat.

Nehmen wir an, ein Luftschiff wird durch eine mechanische Vorrichtung angetrieben und legt mit dem Wind fünf Meilen in zehn Minuten zurück. Für den Rückweg gegen den Wind benötigt es hingegen eine Stunde. Wie lange hätte das Luftschiff für den Hin- und Rückflug bei Windstille gebraucht?

Gleichwertig zu diesem Problem ist die Frage, wie weit das Luftschiff ohne Wind in einer Stunde und zehn Minuten gekommen wäre.

* Dem brasilianischen Luftschiffer und Flugpionier Alberto Santos-Dumont (1873–1932) gelang 1901 der erste Rundflug mit einem lenkbaren Luftschiff von dem Pariser Vorort Saint-Cloud zum Eiffelturm (ca. 5,5 km) und wieder zurück in weniger als 30 Minuten. Santos-Dumont gewann mit dieser Pionierleistung das dafür von dem Industriellen Henri Deutsch de la Meurthe ausgeschriebene Preisgeld von 100.000 Franc (das er in einer generösen Geste den Arbeitern und Armen von Paris spendete). Wegen einer Regeländerung in letzter Minute, die den Einfluss der Windgeschwindigkeit ausschließen sollte, war die Preisverleihung anfangs umstritten.

34 Zwei, die sich nahekommen

Es geschah in einem wunderbar verzierten Raum im West End von London. Sie näherten sich einander aus entgegensetzter Richtung.

Bald schon trafen sie sich, und ungeachtet der Tatsache, dass Dutzende von Augen sie beobachteten, berührten sie einander in der Mitte und brachten dabei ein lautes Geräusch hervor!

Ihr Treffen schien völligen Frieden zu bringen. Aber ach! Kaum dass sie für zwanzig Sekunden beieinander lagen, nahte sich ein Mann mit kampfeslustigem Blick. Mit kühler Anmaßung hob er den Stock, den er bei sich trug, und dann – o Schreck – gab es einen kurzen, heftigen Stoß, und die helle der beiden taumelte ein paar Fuß weiter.

Doch es blieb stumm, es gab keinen Schrei der anderen Beteiligten und kein Erbleichen, keinen Herzschmerz und keinen Groll, noch nicht einmal ein Murmeln war zu hören, weil – ?

35 Hund und Katz

Dies ist eine Aufgabe aus einem unserer gängigen Rechenbücher. Sie sollten die Antwort nicht in dem Buch nachschlagen und auch keine Lehrkraft fragen, denn er oder sie wird Ihnen in gutem Glauben eine anerkannte Antwort geben, und damit verlieren Sie die Chance, die Aufgabe korrekt zu lösen.

Hund und Katz rennen von einem Baum zu einem Pfosten und wieder zurück zum Baum, insgesamt 75 Yard*. Der Hund springt mit jedem Satz fünf, die Katze nur drei Fuß weit, aber auf fünf Sprünge der Katze macht der Hund nur drei. Wie wird das Rennen ausgehen?

* Ein Yard sind drei Fuß, also 3 · 30,48 cm = 91,44 cm.

36 Die Münzwaage überlisten

Wir sind doch alle einmal jung gewesen, darum wird das folgende kleine Rätsel aus dem wahren Leben sicher auch etliche der heute schon etwas älteren Kinder interessieren.

Eine Gruppe von fünf Schulmädchen hat entdeckt, dass sich die Münzwaage überlisten lässt: Dazu klettern sie immer paarweise auf die Waage und tauschen dann, immer einzeln, die Plätze mit den anderen. So finden sie alle ihr wahres Gewicht heraus und müssen doch nur einmal bezahlen. Die verschiedenen Paare wiegen 129 Pfund, 125 Pfund, 124 Pfund, 123 Pfund, 122 Pfund, 121 Pfund, 120 Pfund, 118 Pfund, 116 Pfund und 114 Pfund. Wie viel wog jedes einzelne der fünf kleinen Mädchen?

Es stellt sich heraus, dass diese Mädchen recht gut in der Schule gewesen sein müssen, sonst hätten sie es niemals geschafft, die Antwort zu dieser interessanten Rätselfrage zu finden, die auch ältere Köpfe als die ihren gehörig verwirren vermag.

37 Das Streik-Rätsel

Smith hat eine Farm gekauft und drei Männer für die Arbeit eingestellt. Er gibt dem Großknecht 1,10 Dollar pro Tag, dem Knecht 1 Dollar und dem Handlanger 90 Cent, zahlt also einen Durchschnittslohn von 1 Dollar pro Tag. Sie verpflichten sich, 101 Tage für 303 Dollar zu arbeiten. Aber am zweiten Tag gründen zwei von ihnen eine Feldarbeitergewerkschaft und verlangen kürzere Arbeitszeit oder höheren Lohn. Nach den Erklärungen des Organisationskomitees erkennt Smith die Forderungen an und erhöht den Lohn für die beiden Männer, sodass alle zufrieden sind. Trotzdem hat am Ende der Saison jeder der Männer 101 Dollar erhalten, und es sind 303 Tagwerke getan.

38 Der junge Rechenkünstler

Das obige Bild von Herrn Sam Loyd wurde 1850 erstellt und zeigt den neunjährigen Burschen bei der Vorführung seiner Blitzrechenkünste. Da seine mathematischen Rätsel und Schachaufgaben aus jener Zeit wohlbekannt sind, geben wir hier seine früheste Erinnerung an frühreife Rechenkünste wieder. Sein Vater hatte einem Hausierer zwei Hämmer abgekauft und sagte: »Der Mann hat mir einen für fünfzehn oder zwei für fünfundzwanzig angeboten, und er hat gesagt, sein Gewinn sei gleich groß, egal was ich wählen würde.« Sam verblüffte ihn mit der Angabe, wie hoch der Gewinn pro Hammer sei.

39 Ein rechtliches Problem

Ein Briefschreiber, der vor einem Kanzleigericht Anspruch auf ein Grundstück erheben will, fragt an, ob es in einem unserer Staaten ein Gesetz gibt, das es seinem Großvater hätte verbieten können, die Schwester seiner Witwe geheiratet zu haben. Er gibt an, der gesamte Beweis für seinen Erbanspruch auf eine alte Farm, auf deren Gelände heute Wolkenkratzer und riesige Villen errichtet seien, stehe und falle mit der Lösung dieser Frage. Was haben unsere Leser zu diesem Thema zu sagen?

40 Das Müller-Rätsel

Ein Müller behält von dem Grieß oder Mehl, das er mahlt, ein Zehntel für sich. Wie viel hat er gemahlen, wenn dem Bauern genau ein Scheffel überbleibt, nachdem der Müller seinen Anteil bereits genommen hat?

41 Der Turm von Hanoi

Von Monsieur de Parville habe ich die folgende Geschichte von einem bemerkenswerten Ratespiel: Im Großtempel von Benares, so erzählt er, liegt unter der Kuppel, die den Mittelpunkt der Welt markiert, eine Messingplatte mit drei Nadeln aus Diamant, jede eine Elle hoch und so dick wie der Leib einer Biene. Auf einer dieser Nadeln sind 64 Scheiben aus purem Gold aufgeschichtet, die größte von ihnen direkt auf der Messingplatte; die anderen Scheiben werden nach oben zu immer kleiner und kleiner. Dies ist der Turm des Brahma, auch bekannt unter der Bezeichnung »Turm von Hanoi«. Tag und Nacht legen die Priester unaufhörlich eine der Scheiben von der einen diamantenen Nadel auf eine andere, streng nach den festen und unveränderlichen Gesetzen des Brahma. Sie fordern, dass ein Priester nie mehr als eine Scheibe zugleich bewegen darf und dass er diese Scheibe so auf eine andere Nadel legen muss, dass keine kleinere Scheibe unter ihr liegt. Wenn alle 64 Scheiben auf diese Weise von der ersten Nadel auf eine der anderen Nadeln bewegt worden sind, dann werden Turm, Tempel und die Brahmanen allesamt zu Staub zerfallen, und in einem Donnerschlag wird die Welt untergehen.

Die Brahmanen müssen, um die einzelnen Scheiben umzulegen, genau 2^{64}-1 verschiedene Bewegungen durchführen, das sind

18.446.744.073.709.551.615 Spielzüge. Selbst wenn ein Priester keinen Fehler machte und wenn er eine Scheibe pro Sekunde umlegen könnte, würde er viele tausend Millionen Jahre benötigen, um seine Aufgabe zu erfüllen! Da unser Gewährsmann nicht genug Zeit hatte, ein solch kompliziertes Rätsel zu lösen, stellen wir die Frage neu. Wir geben den Priestern nur dreizehn Scheiben von der Spitze des Turms und fragen, in wie vielen Spielzügen der Turm nun vollständig umgeschichtet werden kann. Die Scheiben liegen aufgestapelt auf einer Nadel, und Sie dürfen zwei weitere Nadeln verwenden, um die Scheiben dort aufzuschichten; Sie dürfen aber niemals eine größere Scheibe auf einer kleineren Scheibe ablegen.

42 Der Jongleur

Der Clown jongliert mit den fünf dreieckigen Pappstücken, um Aufmerksamkeit zu erregen, und schneidet dann eines von ihnen in zwei Teile. Dann legt er die sechs Teile oben auf seine Kiste und zeigt, dass sie zusammenpassen und ein vollkommenes Quadrat ergeben.

Die Teile sind fünf rechtwinklige Dreiecke, beispielsweise einen Zoll hoch und zwei Zoll breit. Sie können sich also leicht fünf ähnliche Dreiecke aus Papier ausschneiden und dann raten, wie man eines von ihnen so zerschneiden muss, dass sich aus den sechs Teilen ein Quadrat legen lässt.

43 Der Bau von Salomos Tempel

Nach der Legende und entsprechend der biblischen Überlieferung stand Salomos Tempel – eines der außergewöhnlichsten jemals errichteten Gebäude – auf dem Berg Moriah (heute Tempelberg geheißen) in Jerusalem. Er war von den Architekten und Handwerkern so raffiniert und geschickt geplant, dass das riesige Gebäude in allen seinen Teilen und Einzelheiten ohne das leiseste Geräusch von Hammer, Säge oder Meißel zusammengefügt werden konnte.

Jeder Stein wurde im Steinbruch in die Endform gebracht, und zwar so genau in Proportionen und Abmessungen, dass er sofort ohne Werkzeuge und ohne den geringsten Lärm genau an der richtigen Stelle eingebaut werden konnte. Die fertigen Marmorblöcke, teilweise von unermesslicher Größe, wurden von Ochsengespannen zu einem Sammelpunkt gebracht, der genau eine Meile von der Baustelle entfernt war; von diesem Punkt aus mussten sie von Trägern über einen steilen Weg getragen werden, der sie hinauf zur 880 Yard* höher gelegenen Baustelle auf dem Berg führte.

Der Unterbau des Tempels wurde aus Marmorwürfeln von einer Elle (d. h. 18 Zoll) Seitenlänge gebaut, von denen jeder 632 Pfund

* Ein Yard entspricht 0,9144 m. 880 Yard sind eine halbe Meile (knapp 805 m).

wog – was für die Kraft und Ausdauer der Träger in den damaligen Zeiten spricht.

Antike Darstellungen über den Bau des Tempels zeigen, dass diese Blöcke von drei Mann getragen wurden, so wie auf unserem Bild zu sehen; und wenn die Alten bei diesen Darstellungen so genau waren wie beim Zusammenbau der vielen Teile, dann kann man daraus ein hübsches Rätsel machen, über das sich einen Moment nachzudenken lohnt.

Ich stelle hier die Aufgabe, wie ich sie erfunden habe: Der Mann an der Spitze fasst die Griffe 36 Zoll vor dem Marmorblock an. In welcher Entfernung müssen dann die beiden anderen die Griffe halten, damit die Last gleichmäßig zwischen den Männern verteilt ist?

Das alte Bild, das mich zu diesem Rätsel angeregt hat, zeigte die korrekte Lage der drei Männer. Aber es war so anregend, dass jedermann mit einer Neigung zur Rätselei der Versuchung nicht widerstehen konnte, schnell im Kopf zu überschlagen, ob die Last zwischen den Männern gleichmäßig verteilt war. Um es den Rätselfreunden nicht zu leicht zu machen, habe ich in meinem Bild die Position der Männer verändert; so wie es jetzt aussieht, wäre es für den Vordermann schon ein wenig zu schwer.

44 Eine orientalische Liebesgeschichte

Er sagte, ich sei schön, ja, das hat er ganz gewiss gesagt. Und ich weiß, dass er recht hatte, denn ich war glatt wie Seide und weiß wie Elfenbein, mein Äußeres war schlank und elegant.

Wir sind uns in einem Geschäft zum ersten Mal begegnet, und er gab sich keine Mühe, seine Bewunderung zu verbergen. Er rühmte mich in den Himmel und nannte mich »seine Teuerste«. Von diesem Tag an waren wir für Monate unzertrennlich. Ich beherrschte alle seine Gedanken.

Wieder und wieder blickte er mit unbeschreiblichem Wohlgefallen auf mein Aussehen, auf meine wunderbare Figur, und drückte mich an seine Lippen. Seine Berührung war die Zärtlichkeit selbst, und wann immer ein unbedeutender Zwischenfall meine Schönheit trübte – und sei es nur für einen Tag –, dann kannte seine Sorge keine Grenzen. Nachts ruhte ich auf einem Samtkissen, und tagsüber war ich bei ihm, wohin er auch ging. Er hat meine Gegenwart stets genossen, auch wenn ihm sonst gar nichts Vergnügen bereitete.

Wenn alle seine Freunde gegangen waren, wenn er allein war und Trost und Entspannung suchte, dann war ich stets für ihn da. Ach, warum konnte das nicht immer so bleiben?

Doch nein! Eines Tages bin ich in einer Straße heftig gestürzt, und obwohl das ganz und gar sein Fehler war, war ich danach nie wieder dieselbe für ihn. Dieses grausame Missgeschick hat mich fast zerbrochen. Gut, er versuchte anschließend wieder, diese Grobheit wiedergutzumachen. Er behandelte mich mit der größten Aufmerksamkeit und belud mich mit Silber. Doch das Feuer der vergangenen Tage war dahin.

Er versuchte alles zu belassen wie zuvor, doch vergebens. Seine Gefühle hatten sich vollständig gewandelt, und ich bin nur noch ein bedauernswertes Wrack, ein matter Abglanz meines früheren Seins. Hier liege ich nun, ganz allein in meinen Sorgen, verlassen, zerbrochen, eine – ?

Diese Geschichte soll durch ein einziges Wort vervollständigt werden. Wie viele unserer Rätselfreunde können dieses Wort erraten, das sich als Schlüssel für die gesamte Geschichte erweist?

45 Zwei Männer und ein Graben

Wir stellen hier unseren Rätselfreunden eines dieser Probleme aus dem wahren Leben, die aus der unglücklichen Entwicklung der alltäglichsten Dinge erwachsen. Oft geraten sie in die Öffentlichkeit und gehen dann auf der Suche nach einer vernünftigen Erklärung und Lösung durch die Presse. Ich kann verraten, dass mich das Rätsel in dieser oder einer ähnlichen Form aus einer Runde von Mathematikern und Rätselfreunden erreicht hat, die allesamt die Richtigkeit der Lösung in Frage stellten – einfach nur, weil sie versucht waren, nach einem tiefer verborgenen Problem zu suchen, als dieses Rätsel enthält. Es handelt sich aber wirklich nur um eine kleine Begebenheit in der »Mathematik der Lohnabschlüsse«, die die Arbeiter auch leicht unter sich ausmachen könnten:

Ein Herr stellte zwei Arbeiter an, eine Einfahrt von der Baustelle seines neuen Hauses bis zur Straße zu bauen, die von seiner Haustür genau 100 Yard entfernt war. Er vereinbarte, ihnen zusammen hundert Dollar für die Arbeit zu zahlen, denn für ihn war es gleichgültig, wie die beiden ihr Geld untereinander aufteilen wollten. Die Männer arbeiteten nicht gleichmäßig, als sie ihren Kontrakt erfüllten. Sie arbeiteten sich von entgegengesetzten Seiten aufeinander zu und vereinbarten, den Lohn nach laufenden Yard unter sich aufzuteilen. Der Mann, der vom Haus aus in Richtung Straße arbeitete, hatte einen längeren Weg, um das Erdreich wegzukarren, allerdings hatte er nicht so viel wegzufahren wie der Mann, der am anderen Ende arbeitete. Sie kamen überein, dass er für seine Arbeit 90 Cent pro laufendem Yard bekommen sollte. Der Mann am anderen Ende des Grabens, der tiefer graben und mehr Erdreich abfahren musste, sollte nach ihrer Vereinbarung 1,10 Dollar pro laufendem Yard seiner Arbeit bekommen.

Als die Straße fertig war, schätzten sie ihre Arbeit entsprechend der Übereinkunft ab und kamen dazu, dass jedem von ihnen fünfzig Dollar zustanden. Sie teilten ihren Lohn unter sich auf und gingen zufrieden ihres Weges. Sie sahen keinerlei Schwierigkeiten in ihrer Abmachung und ahnten nicht einmal, dass es einen Anlass zu Streit oder auch nur die Einführung in ein kompliziertes Problem geben könnte.

Der Hausbesitzer jedoch, ein berühmter Mathematikprofessor, rief die beiden zurück und zeigte ihnen, dass sie das Geld nicht auf diese Weise aufteilen konnten. Er erklärte ihnen, es sei unmöglich, dass sie die Arbeit wie abgemacht aufgeteilt hätten und mit dem abgemachten Lohn trotzdem beide den gleichen Betrag bekämen – kurz, er machte eine größere Sache aus dem Fall, und die beiden Arbeiter wurden höchst unzufrieden. Aus Sympathie mit den beiden traten die Maurer, Zimmerleute und Klempner in den Streik, und nach zwei Jahren war das Haus immer noch nicht fertig.

Können Sie zeigen, wie viel Arbeit jeder der beiden Männer geleistet haben muss, damit sie jeweils auf denselben Lohn kommen?

46 Damebrett und Buchstabenrechnung

König Puzzlepate besucht die Schule von Darktown und stellt fest, dass der Lehrer Prof. Johnsing mit seinen Gören einigen Ärger hat. Sie haben es gewagt, aus dem Rückenteil seines Mantels ein Damebrett zu basteln! Er verdonnert den Anführer dieses Dameclubs, den Mantel wiederherzustellen. Natürlich ist das ein einfaches Problem. Trotzdem sind Sie, wie auch Mitglieder von Schach- und Dameclubs, eingeladen, beim Einsetzen jener acht Stücke zu helfen.

Außerdem haben Tommy Riddles und die Prinzessin an der Tafel ein Problem beim Addieren entdeckt: Hier hat jemand die Zahlen 1, 2, 3, 4, 5, 6, 7, 8, 9, 0 durch die Buchstaben A, B, C, D, E, F, G, H, I, J ersetzt. Können Sie anhand einer Regel oder durch Probieren herausfinden, welcher Buchstabe für welche Zahl steht, damit sich eine korrekte Addition ergibt?

47 Katz und Maus

Mathematiklehrer sagen, dass drei Katzen, die in drei Minuten drei Mäuse fangen, eine Maus in der Minute fangen, daher würden dieselben drei alten Katzen in einhundert Minuten einhundert Mäuse fangen, was gerade einer Maus pro Minute entspricht.

Das ist die korrekte schulmeisterliche Antwort, und es ist unmöglich, keine andere zu geben. Aber der vorwitzige kleine Schüler mit dem großen Kopf möchte, nur so aus Neugier, dem Lehrer eine einfache Frage stellen:

»Wenn drei Katzen in drei Minuten drei Mäuse fangen, wie lange dauert es dann, bis sie vier Mäuse gefangen haben?« Wie lange kann die vierte Maus mit drei sie verfolgenden Katzen überleben?

Der Lehrer erklärt, in der Behauptung sei nichts angegeben, worauf sich eine Hypothese zur Überlebenschance einer einzelnen Maus gründen ließe, die sich drei Katzen gegenübersieht. Aber der vorwitzige Schüler fragt nach: »Worin unterscheidet sich das denn von der Situation mit den hundert Mäusen? Was tun die Katzen, nachdem sie planmäßig neunundneunzig Mäuse gefressen haben, mit dieser letzten Maus? Eine Katze frisst eine Maus in drei Minuten, aber wie lange brauchen drei Katzen, um dieselbe Maus zu fressen?«

Schließlich fragt der vorwitzige Schüler den Lehrer: »Wenn ein Fußgänger mit fünf Zehen an jedem Fuß eine Meile in acht Minuten laufen kann, wie lange braucht dann der Russe Ohrlenoff, der an jedem Fuß acht Zehen hat, für die gleiche Strecke?« Natürlich wird allen aufmerksamen Schulkindern eingetrichtert, vorbehaltlos an den Grundsatz zu glauben, dass Zahlen niemals lügen. Trotzdem sind einige bekannte Lehrsätze offenbar darauf ausgelegt, den gesunden Menschenverstand herauszufordern. Beispielsweise ist es kaum vernünftig, einen Schüler zu fragen: »Wenn ein hungriger Mann in fünfzehn Minuten vier Laib Brot verschlingt, wie viele kann er dann in zwei Stunden vertilgen?« – Die Frage mit den Katzen und den Mäusen ist recht ähnlich.

48 In Gold aufgewogen

Der alte Moneybags gab kund, er werde seine Töchter in Gold aufwiegen. Daher fanden sich schnell geeignete Freier. Die Hochzeiten fanden alle am gleichen Tag statt, und vor dem Wiegen wurde ein kolossaler Hochzeitskuchen verspeist, was die Bräutigame ungemein freute.

Die Bräute wogen zusammen 396 Pfund. Dabei wog Nellie zehn Pfund mehr als Kitty, und Minnie wog zehn Pfund mehr als Nellie. Einer der Bräutigame, John Brown, wog ebenso viel wie seine Braut, während William Jones anderthalbmal so viel wie seine Braut und Charles Robinson zweimal so viel wie seine Braut wog. Alle Brautpaare zusammen wogen eine halbe Tonne. Aber kümmern Sie sich nicht um die Gewichte, denn die Frage lautet: Wie lauteten die vollen Namen der Bräute nach der Hochzeit?

49 Eine merkwürdige Rechnung

Als die »Great Eastern« vom Stapel lief und aufgrund ihrer Größe hohe Aufmerksamkeit erregte*, machte ein mathematisch versierter Verrückter, der im Nagelgeschäft tätig war, folgende Rechnung auf: Wenn man an einem Tag einen Nagel in den Laderaum des Schiffes werfen würde, am selben Tag eine Woche später zwei Nägel, und wieder eine Woche später vier Nägel und so weiter, sodass sich jede Woche die Anzahl Nägel verdoppelte, wie viele Nägel hätte man nach einem Jahr, also 52 Wochen, zusammen? Und unter der Annahme, dass 200 Nägel eine Unze wiegen und die Great Eastern ein Ladevermögen von 22.500 Tons** hat – reichte ihr Fassungsvermögen überhaupt aus für diese Fracht?

* Die 1858 gebaute »Great Eastern« war bis zu ihrer Abwrackung 1889 mit einer Länge von 211 m das mit Abstand größte Schiff der Welt.

** Eine Unze entspricht 28,35 g, 16 Unzen ergeben ein Pound (453,6 g), die für Warenpreise verwendete amerikanische »ton« besteht aus 2240 Pound und wiegt 1016 kg.

50 Das Heiratsspiel

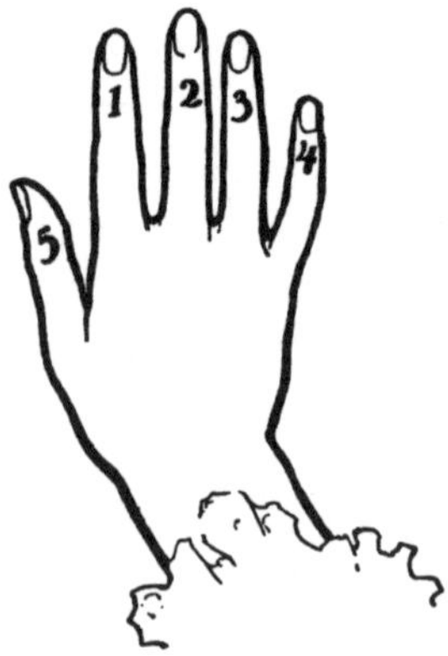

Dieses nette Spielchen ist für zwei Personen bestimmt. Es soll den Verstand schärfen und schnelles Rechnen üben. Deuten Sie auf irgendeine der Zahlen, die an der Hand gezeigt sind, und nennen Sie diese Zahl (zum Beispiel 5). Ihr Gegner geht zu irgendeiner anderen Zahl (zum Beispiel 4) über, zählt sie dazu und nennt die Summe 9. Dann gehen Sie beispielsweise zur 5 zurück und nennen die neue Summe 14. So geht das Spiel weiter, bis einer von Ihnen genau 35 erreicht und damit gewinnt. Wer gezwungen ist, über 35 zu gehen, wird – je nachdem – als alte Jungfer oder Hagestolz tituliert.

Das Spiel kann sehr hübsch mit einem Ring gespielt werden, der von den sich abwechselnden Spielern von einem Finger abgenommen und auf einen anderen geschoben wird, wie oben beschrieben. Es sei daran erinnert, dass der Daumen 5, der erste Finger 1, der zweite Finger 2 usw. zählt. Dieses harmlose Spielchen dient nur dem Spaß, im Gegensatz zum wirklichen Spiel, bei dem man einen Ring auf den dritten Finger einer Dame schiebt und vermutlich für den Rest seines irdischen Lebens in ihren Händen ist!

Nun, mit welcher Zahl fängt man am besten an?

51 Das Puzzle des Baumeisters

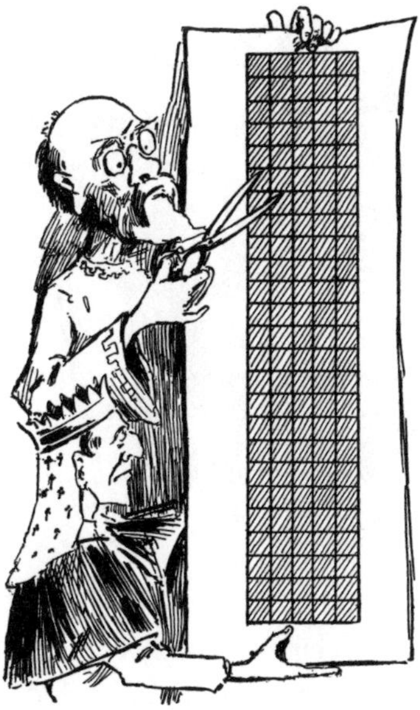

Ein König früherer Zeiten ließ seinen Baumeister rufen und zeigte ihm den Grundriss für einen neuen Kerker. Er verlangte, den Plan so abzuändern, dass der Wärter aus einer Eckzelle auf direktem Weg die Runde durch den ganzen Kerker machen konnte.

Der Baumeister nahm eine Schere zur Hand und murmelte, dass er das Innere von Kerkern früher schon selbst kennen gelernt habe. Dann schnitt er den Plan in zwei Teile, die er wieder zusammenfügte. Dazu erklärte er: »Mit dieser Anordnung wird die gleiche Bodenfläche abgedeckt. Jede Tür befindet sich in der Mitte der Zellenwand, sodass längs der Zellen ungehinderte Sicht besteht und man durchs ganze Gebäude zurück zum Ausgangspunkt gehen kann, ohne irgendeine Zelle mehr als einmal aufzusuchen.« – Skizzieren Sie den verbesserten Plan und die vorgeschlagene Tour des Wärters.

52 Studentenleben

Bei einem der jüngsten Gelage in Heidelberg trafen die Roten Mützen und die Blauen Mützen aufeinander. Jeder Student lud alle anderen ein, auf seine Gesundheit zu trinken, wobei das Bier natürlich in Strömen floss. Es nahmen weniger als zwei Dutzend Studenten teil; trotzdem tranken die Roten Mützen gemeinsam 108 Maßkrüge mehr als die Blauen Mützen. Können Sie sagen, wie viel Bier insgesamt durch die Kehlen floss?

53 Wege eines Postboten

Dieser Postbote hat sechs Häuserblocks zu bedienen, die hier skizziert sind. Er fragt Sie nun, wie wohl der kürzestmögliche Weg aussieht. Start- und Endpunkt können Sie frei wählen, aber abbiegen dürfen Sie immer nur nach rechts. Nehmen Sie an, dass die Blocks (von unten nach oben) an den Alleen A, B und C liegen, während die kurzen Straßen (von links nach rechts) die Nummern 1, 2, 3 und 4 tragen. Damit Sie Ihre Lösung mit der hinten im Buch angegebenen vergleichen können, beginnen Sie bitte links, an der Kreuzung der 1. Straße mit der Allee B.

54 Ein etwas anderes Würfelspiel

Wegen eines endlosen, heftigen Sturms war ich einmal fast einen Monat lang mit einigen Bergarbeitern in deren Camp festgehalten. Zum Spielen hatten wir nichts außer einem einzigen, ziemlich abgenutzten Würfel. Daher dachte ich mir das folgende Spiel aus, das als »Rätsel der fünfundzwanzig Augen« in die Annalen eingehen sollte.

Das Spiel wird von zwei Personen gespielt. Das Ziel ist es, zuerst fünfundzwanzig Augen zu erzielen oder den Gegner dazu zu zwingen, diese Augenzahl zu überschreiten. Der erste Spieler gibt, wie die Jungs damals sagten, »die Schlagzahl vor«, indem er irgendeine Zahl von eins bis sechs nennt. Wir nehmen an, er nennt die Fünf. Nun würfelt der zweite Spieler. Angenommen, die Drei erscheint. Damit addiert sich der Spielstand auf acht. Daraufhin wird nicht mehr gewürfelt, sondern das Rechnen kommt ins Spiel. Der erste Spieler dreht den Würfel um, aber nur um eine Vierteldrehung. Dadurch kommt die Eins, die Zwei, die Fünf oder die Sechs nach oben zu liegen. Nehmen Sie an, er wählt die Sechs; damit beträgt der Spielstand (die Summe) vierzehn. Der zweite Spieler dreht danach die Vier nach oben, was als Spielstand achtzehn ergibt; der erste Spieler dreht daraufhin die Sechs nach oben und erreicht vierundzwanzig. Damit hat er gewonnen, denn sein Gegner wäre bei seinem nächsten Zug gezwungen, die Fünfundzwanzig zu überschreiten. Die Bergarbeiter hatten von Mathematik keine Ahnung und glaubten natürlich an reines Glück. Doch ich möchte, ganz wissenschaftlich, gern wissen: Welche Zahl sollte der erste Spieler anfangs am besten nennen?

55 Eine Schulvisite

Gerade fällt mir ein Erlebnis von Kapitän Fred Burnaby ein, das er in einer armenischen Schule hatte und in seinem Buch »Zu Pferde durch Kleinasien« beschrieb. Darin berichtete er:

»Am folgenden Tag besuchte ich eine armenische Schule.

›Vielleicht möchten Sie den Schülern gern einige Fragen stellen?‹, sagte ein Priester, der mich – neben etlichen Lehrern – begleitete.

Glauben Sie mir, wenn ich etwas nicht mag, dann ist es, in die Rolle eines Prüfers gedrängt zu werden. Deshalb zögerte ich.

›Nun‹, sagte der Geistliche, schon etwas ungeduldig, ›man wartet auf Sie‹.

Nach einem Weilchen gebannten Schweigens präsentierte ich folgende Frage: ›Wenn ein Mann in drei Tagen ein Feld mähen kann, ein anderer Mann dagegen in vier Tagen, wie lange brauchen sie dann, wenn sie zusammenarbeiten?‹

›Ach‹, entgegnete der Geistliche, ›das ist doch leicht‹; aber er übersetzte ordnungsgemäß ins Armenische.

›Es ist kaum der Mühe wert‹, meinte einer der Lehrer, ›denn die Antwort lautet natürlich dreieinhalb.‹

›Selbstverständlich, dreieinhalb‹, bestätigte der Geistliche.

›Nein‹, erwiderte ich und atmete befreit auf, als ich wieder an der frischen Luft war. Ich pries meinen alten Professor, der mir diese Fangfrage einmal gestellt hatte. Jetzt war mein Ruf als findiger Mathematiker auch bei den Studenten in Yuzgat gefestigt.«

56 Der Schlüsselbund

Blaubart erklärt, seine Schlüssel seien an dem Schlüsselring so in drei Gruppen aufgeteilt, dass die erste Gruppe, multipliziert mit der der zweiten, die dritte ergebe. Das sei das Geheimnis, durch das er erkennen könne, ob sich jemand an den Schlüsseln zu schaffen gemacht und womöglich verbotene Kammern betreten habe. Aber die gezeigten 6910 und die 7 ergeben multipliziert nicht 83452 – also wurden die Schlüssel nicht richtig eingehängt. Wie lassen sich die Schlüssel am Ring so in drei Gruppen anordnen, dass die erste Gruppe mal die zweite die dritte ergibt?

57 Heute, gestern, übermorgen ...

Diese zwei Schulkinder tun sich mit den Wochentagen noch etwas schwer. Sie sind auf dem Schulweg vor dem Zirkusplakat stehen geblieben, um mit seiner Hilfe die Dinge in den Griff zu kriegen. Die kleine Priscilla, die insgeheim auf eine Einladung für die Vorstellung hofft, erklärt John: »Wenn der Tag nach morgen gestern ist, dann ist ›heute‹ so weit vom Sonntag weg, wie der Tag es war, der ›heute‹ war, als der Tag vor gestern morgen war!«

An welchem Wochentag wurde diese seltsame Erläuterung gegeben?

58 Die Eierpyramide

»Hans«, sagte der Lebensmittelhändler zu seinem neuen Lehrling, »du hast ja gesehen, wie ich die Eier gerade vorsichtig aufeinandergelegt habe. Du kannst also den Kunden sagen, sie seien eben erst gelegt worden. Geh rüber zu Professor Klugler und frag ihn, wie hoch eine Pyramide mit Eiern sein darf, damit sie noch sicher steht. Jedes Ei wiegt zwei Unzen und kann eine Last von acht Pfund, also acht mal sechzehn Unzen, aushalten.«

59 Unter falscher Flagge

Dieses Rätsel beruht auf einer Begebenheit gegen Ende des Spanisch-Amerikanischen Krieges*, bei der ein Blockadebrecher aufgebracht wurde, der eine amerikanische Flagge mit fünfzehn Streifen gehisst hatte.

Es ist vielleicht nicht allgemein bekannt, dass die amerikanische Flagge zwar ursprünglich dreizehn Streifen hatte, dass aber laut dem »Congressional Journal« vom 7. Januar 1794 eine Resolution eingebracht wurde, zwei zusätzliche Streifen und zwei Sterne einzufügen, da mittlerweile Vermont und Kentucky der Union beigetreten waren. Mr. Goodhue aus Massachusetts hielt das für eine »unbedeutende Angelegenheit, mit der man die Aufmerksamkeit des Hohen Hauses nicht weiter beanspruchen sollte«. Mr. Lyman, ebenfalls aus Massachusetts, hielt dagegen, es sei »von größter Wichtigkeit, die neuen Staaten nicht zu kränken«. Mr. Thatcher aus Massachusetts nannte den Vorgang ein »hervorragendes Beispiel für Leichtfertigkeit«. Mr. Greenup aus Kentucky betrachtete es als »von sehr großer Wichtigkeit, den Rest der Welt davon in Kenntnis zu setzen, dass wir jetzt zwei weitere Staaten haben«. Auf Vorschlag von Mr. Boudinot aus New Jersey, der »Vermont und Kentucky bei guter Laune« sehen wollte, wurde die Gesetzesvorlage schließlich angenommen. Am 13. Januar 1794 wurde angeordnet, dass die Flagge ab dem 1. Mai 1795 fünfzehn Streifen und fünfzehn Sterne haben sollte.

Erst dreiundzwanzig Jahre später, im Dezember 1817, wurde auf Vorschlag von Mr. Wendover aus New York die noch heute gültige Regelung angenommen: »Es wird beschlossen, dass ab dem nächsten 4. Juli** die Flagge der Vereinigten Staaten dreizehn horizontale Streifen trägt, abwechselnd rot und weiß, und dass die Union durch zwanzig weiße Sterne im blauen Feld repräsentiert wird. Bei der Aufnahme eines neuen Staates in die Union wird dem Feld ein weiterer Stern hinzugefügt. Diese Ergänzung tritt jeweils an dem auf die Aufnahme folgenden 4. Juli in Kraft.«

Das Rätsel, das an dieser Stelle um Ihre Aufmerksamkeit bittet, dreht sich darum, wie man die Flagge mit fünfzehn Streifen in eine Flagge mit dreizehn Streifen umwandeln kann, ohne Material zu vergeuden. Zeigen Sie, wie man die Flagge in die geringstmögliche Anzahl von Teilen zerschneiden und wieder zu einer Flagge mit dreizehn Streifen zusammenfügen kann; dabei darf kein Material weggeworfen werden.

* Der Spanisch-Amerikanische Krieg war eine militärische Auseinandersetzung zwischen den USA und dem Königreich Spanien von April bis August 1898. Im Kriegsverlauf blockierten die Amerikaner sämtliche Häfen auf Kuba. Der Krieg endete mit der Besetzung von Kuba, Puerto Rico und den Philippinen durch die USA; Spanien verlor damit seine letzten bedeutsamen Kolonien.

** Der 4. Juli ist der Nationalfeiertag der USA, der Jahrestag der Unabhängigkeitserklärung von 1776.

60 Wie alt ist der Junge?

Ein einfallsreicher Lehrer, von denen es ja den einen oder anderen geben soll, wollte möglichst viele ältere Schüler versammeln. Also lobte er täglich zwischen Mädchen und Jungen einen Preis aus, je nachdem, welche Seite auf mehr Lebensjahre käme.

Nun, am ersten Tag waren nur ein Junge und ein Mädchen anwesend. Das Alter des Jungen war gerade doppelt so hoch wie das des Mädchens, und so ging der Preis des ersten Tages an ihn.

Am nächsten Tag brachte das Mädchen seine Schwester mit. Zusammen waren ihre Lebensalter gerade doppelt so hoch wie das des Jungen. Also teilten sich die zwei Mädchen freudig ihren Preis. Doch als die Schule am folgenden Tag öffnete, hatte der Junge einen seiner Brüder mitgebracht, und die addierten Lebensalter der beiden Jungen erwiesen sich als genau doppelt so hoch wie die der zwei Mädchen. Folglich konnten sich die Jungen den Preis teilen.

Der Wettbewerb weitete sich auf weitere Mitglieder der Familien Jones und Brown aus, am vierten Tag erschienen die zwei Mädchen in Begleitung ihrer älteren Schwester. Jetzt wurden die Lebensalter der drei Mädchen mit denen der zwei Jungen verglichen; erwartungsgemäß gewannen die Mädchen, zusammengezählt kamen sie wiederum auf doppelt so viele Jahre wie die Jungen. Das Hin und Her sollte noch länger andauern, bis die Klasse voll war. Doch wir wollen es nicht auf die Spitze treiben: Nennen Sie mir einfach das Alter des ersten Jungen. Dabei sei noch erwähnt, dass das zuletzt genannte Mädchen gerade den einundzwanzigsten Geburtstag feierte.

Dieses hübsche Rätsel erfordert eher Einfallsreichtum als mathematische Fertigkeiten.

61 Ein Irrgarten

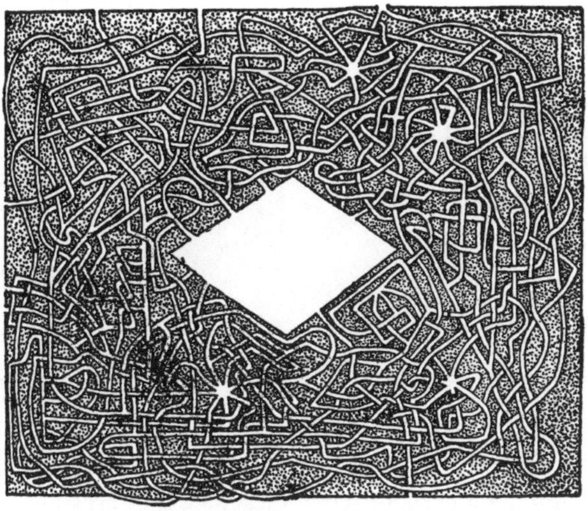

Irrgärten sind für Junge wie für Alte stets interessant, auch wegen der historischen Bezüge zu berühmten Labyrinthen in alten Parks und Gärten. Hinzu kommt unser Vergnügen, wenn wir unüberwindlich scheinende Hindernisse überwunden haben. Natürlich gibt es viele Arten von Irrgärten mit unterschiedlichen Strukturen, die sie mehr oder weniger schwierig machen. Der hier gezeigte Irrgarten ist gar nicht einfach, weil das Überqueren von Pfaden über Brücken weitaus mehr Möglichkeiten bietet als die gewohnte Beschränkung auf Abzweigungen. Er stammt von Lewis Carroll, der bekanntlich »Alice im Wunderland« schrieb, aber auch ein großer Mathematiker und berühmter Rätselfreund war. Wir nehmen hier an, die kleine Alice habe sich im Wald verirrt. Ihr Weg beginnt im kleinen Park in der Mitte, und sie muss durch den Wald nach Hause finden. Können Sie ihr dabei helfen? Sie werden bemerken, dass einige Pfade gesperrt sind, sodass Sie umkehren müssen. Aber lassen Sie sich nicht entmutigen, denn Euler hat ja eine Regel aufgestellt, nach der man aus jedem Labyrinth herausfindet. Trotzdem ist dies ein raffiniertes Rätsel.

62 Amerikanische Geschichte

Der kleine Tommy Riddles präsentiert zwei Rätsel, die nicht nur für Studenten der amerikanischen Geschichte interessant sind. Hier sehen wir den jungen George Washington, der die elterliche Leichtgläubigkeit durch sein bestürzendes Geständnis auf die Probe stellte, er habe mit seinem kleinen Beil gerade den Kirschbaum gefällt. Dazu behauptete er noch, zu keiner Lüge fähig zu sein, was an sich schon sehr raffiniert war. Denn wenn er gelogen und dazu erklärt hätte, dass er lüge, dann hätte er ja die Wahrheit gesagt. Doch wenn er nicht gelogen hätte, dann hätte die Tatsache, dass er sagte, er lüge nicht, ebenfalls bedeutet, dass er die Wahrheit sagte. Daher rührte seine Unfähigkeit, zu lügen.

Ihre Klugheit können Sie nun an folgendem Rätsel beweisen: Finden Sie das in der Abbildung verborgene Porträt von George Washington; es stammt allerdings aus einer späteren Zeit, als er »der Erste im Krieg, der Erste im Frieden und der Erste in den Herzen seiner Landsleute« wurde.

Das zweite Rätsel wird von Prinzessin Enigma präsentiert. Sie grübelt über einem berühmten geometrischen Problem: Sie möchte ihren quadratischen Washington Pie (einen Himbeerkuchen aus der Bostoner Gegend) in sechs ebenfalls quadratische Stücke aufteilen. Die Quadrate dürfen unterschiedliche Größen haben, aber es darf beim Teilen kein Rest anfallen. – Können Sie ihr helfen?

63 Archimedes und die Krone

Ist es nicht merkwürdig? Zu der Geschichte von Hieron II., dem König von Sizilien, der dem Naturforscher Archimedes seine Krone gab, damit er überprüfen sollte, wie viel unedles Metall anstelle von reinem Gold sie enthielt, geben zwar alle Quellen denselben Sachverhalt an und stimmen in den kleinsten Details der genannten Gewichte völlig überein; und doch habe ich noch nie die Lösung für die Frage gesehen, wie viel Gold der betrügerische Goldschmied eigentlich gestohlen hat.

Es wird überliefert, dass Hieron II. seinem Goldschmied befahl, eine Krone aus 63 Unzen* Gold zu fertigen. Als die Krone fertig war, hatte sie zwar das korrekte Gewicht, aber aus verschiedenen Gründen verdächtigte der König seinen Goldschmied, er habe einen Teil des Goldes gestohlen und durch Silber ersetzt.

In unserem heutigen aufgeklärten Zeitalter wird ein Goldschmied, wenn Sie ihm einige Schmuckstücke verkaufen wollen, den Goldgehalt der Teile kontrollieren, indem er sie an einem sogenannten Teststein reibt, an dem dann eine feine Abriebspur des Goldes hängen bleibt. Darauf gibt man ein wenig Säure und misst die Zeit, die es braucht, bis die Abriebspur verschwunden ist. Daraus lässt sich der Goldgehalt berechnen, denn Gold widersteht der Säure umso länger, je reiner es ist.

Zu Archimedes' Tagen gab es solche Prüfverfahren aber wohl noch nicht, denn sowohl der König als auch Archimedes sollen lange darüber gebrütet haben, das Problem zu lösen. Es ist nicht ganz klar, wem die Ehre gebührt, den klugen Gedanken gehabt zu haben, der dann zur Lösung des Problems führte. Es heißt, dass der König ein Bad nahm und dabei bemerkte, dass die Krone im Wasser weniger wog als an der Luft. Die Geschichte mit dem Bad wird aber auch von Archimedes berichtet, der seiner Freude über die Entdeckung mit dem Schrei »Heureka« (»Ich habe es gefunden«) Luft gemacht haben soll – ein Schrei, der seither immer wieder zu hören ist.

Nun, die Fakten zu dem Fall sind die folgenden: Die Krone wog genau 63 Unzen, und als man sie im Wasser wog, stellte man fest, dass sie insgesamt 8,2245 Kubikzoll Wasser verdrängte.

Man fand dann heraus, dass ein Kubikzoll reines Gold genau 10,36 Unzen wiegt, ein Kubikzoll Silber hingegen nur 5,85 Unzen. Mit einer einfachen Rechnung lässt sich dann schnell die Güte der Legierung bestimmen, aus der die Krone bestand: 8,2245 Kubikzoll reines Gold sollten über fünfundachtzig Unzen wiegen, die Krone wog aber nur dreiundsechzig. Unter der Annahme, dass sie ganz aus Silber bestünde, ergäben die die 8,2245 Kubikzoll zu je 5,85 Unzen ein Gewicht von etwas über vierzig Unzen, also knapp dreiundzwanzig Unzen zu wenig.

Mit diesen Werten nun ist es leicht zu berechnen, wie viel Geld der Goldschmied unterschlagen hat: Unterstellen wir einen Goldpreis von 21 Dollar und einen Silberpreis von 61 Cent pro Unze, dann können wir den genauen Betrag berechnen, um den es über die Jahrhunderte so viel Ärger gegeben hat.

Archimedes (287–212 v. Chr.) war der größte Mathematiker und Philosoph seiner Zeit. Er lebte in der griechischen Kolonie Syrakus auf Sizilien, wo er während der Belagerung der Stadt die feindliche Flotte mithilfe großer Brennspiegel versenkt haben soll. Er entwickelte zahlreiche mechanische Maschinen und rühmte sich vor

König Hieron, er könne die Welt aus ihren Angeln heben, wenn er nur einen festen Punkt habe, an dem er seinen Hebel ansetzen könne. Der Grund, warum die Lösung für das Rätsel mit der Krone niemals angegeben wurde, könnte mit den merkwürdigen Umständen seines Todes zusammenhängen: Er wurde von einem römischen Soldaten im Zorn erschlagen, als er geometrische Figuren in den Sand zeichnete.**

* Im Gegensatz zur normalen Handelsunze (28,35 g) wird beim Wiegen von Gold und anderen Edelmetallen ein anderes Maßsystem verwendet. Diese sog. Troy-Unze entspricht 31,1 g, die Krone wog also 1959 g.

** Über Archimedes ist eine Anzahl von Legenden im Umlauf, darunter das von Loyd ausgeschmückte Rätsel von der Krone, ferner die Berichte über die Anfertigung von Brennspiegeln sowie die Todesumstände. Die heutige Wissenschaft schätzt ihren Wahrheitsgehalt als gering ein.

64 Ein reiches Kloster

In Italien gibt es eine alte Legende, die ein interessantes Problem für unsere Rätselfreunde enthält. In einem im frühen Mittelalter gegründeten Benediktinerkloster hatten die Mönche von Anfang an wöchentlich eine Münze in die Schatztruhe des Klosters zu legen.

Gemäß den Statuten des Klosters wurden die gesammelten Münzen nur dann gezählt, wenn der letzte Tag des Jahres auf einen Samstag fiel. Die Zählung wurde vorsichtshalber zweimal wiederholt, und das Ergebnis wurde beurkundet. Anschließend wurde die Truhe neuen Verwaltern anvertraut, die bei jedem dieser Konvente ernannt wurden. Allerdings wurde nach Auskunft eines berühmten Gelehrten niemals ein Verwendungszweck für das Geld bestimmt, sondern es waren lediglich genaue Aufzeichnungen darüber zu führen.

Wir nehmen an, dass jenes Benediktinerkloster am ersten Tag eines Jahres gegründet worden war, das mit einem Sonntag begann. Von da an kam an jedem Samstag eine Münze in die Truhe. Als wieder einmal der letzte Tag des Jahres ein Samstag war, wurden die Münzen gezählt. Jetzt konnten sie erstmals auf vier oder fünf oder sechs genau gleiche Häufchen verteilt werden. – Wie viele Münzen waren nun in der Truhe, und wie alt war das Kloster?

65 Teure halbe Schinken

Ein holländischer Bauer namens Henk, der viel mehr vom Schinkenpökeln als vom Rechnen verstand, fuhr einmal im Jahr mit einer Fuhre Schinken über Land, um sie auf einmal oder einzeln zu verkaufen.

Alle Schinken waren praktisch gleich groß, sodass er sich nicht lange mit Wiegen aufhielt, sondern sie zum Einheitspreis von eineinviertel Gulden verkaufte. Er wollte eigentlich keinen Schinken zerteilen, musste aber gemäß einer Vorschrift auch halbe Schinken verkaufen, wenn sie verlangt wurden. Allerdings verdoppelte er dann den Preis pro Menge. In seiner Einfalt erkannte er nicht, dass er dabei für einen halben Schinken denselben Preis berechnete wie für einen ganzen. Doch weil viele seiner Kunden auch nicht besser rechnen konnten als er, verkaufte er viele halbe Schinken zum Preis eines ganzen.

Eines Tages war er wieder mit seinen Schinken unterwegs. Sein erster Kunde freute sich über sein Erscheinen so, dass er die Hälfte seines ganzen Bestandes und einen halben Schinken kaufte.

Beim nächsten Interessenten war Henk ebenso erfolgreich, denn dieser, ebenfalls ein Händler, nahm ihm die Hälfte des jetzigen Bestandes und einen halben Schinken ab. Außerdem empfahl er ihm einen anderen Kunden, dem Henk wiederum die Hälfte seines momentanen Bestandes und einen halben Schinken veräußerte.

Bald darauf kam er zu einem Gasthof, dessen Wirt gerade nicht zu Hause war. Aber er konnte seine Frau überreden, ihm die Hälfte seines derzeitigen Bestandes und einen halben Schinken abzunehmen. Danach war er gerade eine Viertelmeile weit gekommen, als er den Gastwirt mit einem Freund traf. Der Gastwirt, der nicht wusste, dass seine Frau von dem Schinken gekauft hatte, erwarb einen halben Schinken und die Hälfte des restlichen Bestandes. Zudem bewog er seinen Freund, die Hälfte des jetzt noch vorhandenen Bestandes und einen halben Schinken abzunehmen. – Nun war der Schinken ausverkauft.

Jetzt bitte ich unsere Rätselfreunde, auszurechnen, wie viel Geld der erfolgreiche Holländer für seine Schinken insgesamt erhielt.

Achten Sie aber darauf, keinen Fehler zu machen, denn die Aufgabe wurde auch Mathematikprofessoren vorgelegt – und von ihnen für unlösbar erklärt! Vielleicht gleicht sie ja der Quadratur des Kreises.

Wie viele Gulden nahm Henk für seine Schinken ein?

66 Durch den japanischen Minengürtel

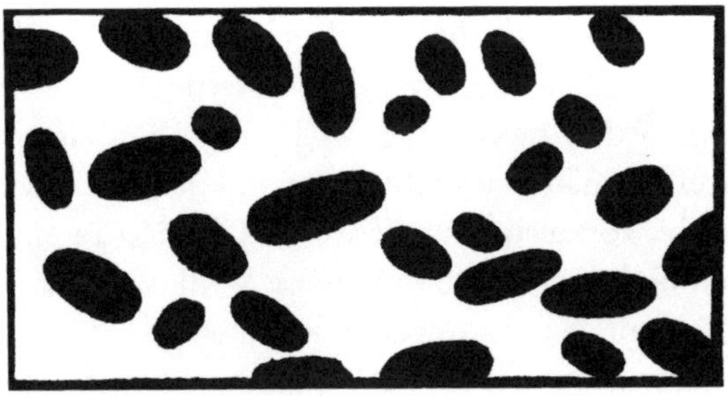

Dieser Kartenausschnitt zeigt die Lage der japanischen Seeminen, die den Eingang zum Hafen von Port Arthur* versperren. Auf welcher Route kann ein Dampfer von der Unterkante bis zur Oberkante des Kartenausschnitts fahren, wobei er seinen geradlinigen Kurs nur an einer einzigen Stelle ändern soll? Zeichnen Sie eine gerade Linie vom unteren Rand des Bilds bis zu einem bestimmten Punkt, von dem aus sich eine andere gerade Linie zum oberen Rand anschließt. Diese beiden Linien geben einen sicheren Weg durch die achtundzwanzig Seeminen an.

* Die chinesische Stadt Lüshun am Gelben Meer – im Westen unter dem kolonialen Namen Port Arthur bekannt, heute zur Stadt Dalian gehörig – war im Russisch-Japanischen Krieg (1904/1905) heftig umkämpft.

67 Quadrat und griechisches Kreuz

Dieses schöne Ausschneide-Rätsel geht auf das berühmte Puzzle mit dem griechischen Kreuz zurück. Allerdings ist es hier schwieriger, weil man den bekannten Weg sozusagen rückwärts gehen muss. Sie werden nämlich nicht gebeten, ein Kreuz in ein Quadrat zu verwandeln, sondern umgekehrt ein Quadrat in ein Kreuz. Das ist deswegen nicht so leicht, weil keine Winkel und Ecken vorhanden sind, die Anhaltspunkte geben könnten.

Die Aufgabe besteht darin, ein Quadrat so in vier Stücke aufzuteilen, dass sie zusammengesetzt ein griechisches Kreuz ergeben.

68 Blitzkuriere

Harry Nimble ist der schnellste Telegraphenbote der Stadt. Und Jimmy Pace kann alle Boten des Bezirks überflügeln. Daher überrascht es nicht, dass die beiden flinken Jungs sich bei eiligen Botengängen öfter trafen. Diesmal sollte der eine von ihnen die Mitteilung eines Börsenmaklers zu einem Kunden bringen, in der es hieß, der Markt breche zusammen und er solle seine Aktien abstoßen. Der andere Bote war zufällig von eben diesem Kunden zum gleichen Makler mit einer Anweisung unterwegs, alles zu Schleuderpreisen zu verkaufen. Die Jungen trafen sich im Park, als sie – natürlich in entgegengesetzten Richtungen – liefen, was das Zeug hielt.

»Hallo, Harry, wo geht's hin?«

»Schnell mal in die Oberstadt. Und du?«

»Stadtmitte, auch in Eile. Lass uns ne Pause machen. – Hast du Geld dabei? Ich schon, schau mal her.«

»Junge, Junge, ein ordentlicher Batzen! Spielen wir eine Runde Poker, bis wir wieder zu Atem gekommen sind. Ich habe Karten dabei, diesmal schlägst du mich nicht.«

»Einverstanden, wir haben ja Zeit.« Und schon setzten sich die zwei flinken Jungs hin, um ihren Geist zu erfrischen und anschließend umso schneller weiterrennen zu können. Es ging ihnen nicht darum, den Gewinn zu behalten, sondern sie wollten ihre Finanzen hinterher wieder auf den vorigen Stand bringen.

Schließlich hatte Harry zweimal so viele Pennys wie zu Beginn. Daraufhin setzte Jimmy in seiner ungestümen Art alles, was er noch hatte, und gewann tatsächlich. Jetzt hatte er 36 Pennys, und Harry hatte 42.

Weil es zum Weiterspielen zu dunkel wurde, brachen sie das Spiel ab, ordneten ihre Finanzen wie beschrieben und nahmen ihre aufreibende Tätigkeit wieder auf. – Ich frage Sie nun: Wie waren die eben erwähnten Beträge so aufzuteilen, dass jeder hinterher wieder seinen Anfangsbestand hatte?

69 Hühnchenvermehrung

Zuweilen ist es vorteilhaft, wenn man den Gewinn aus einem Betrieb genau errechnen kann. Für manche Zukunftspläne kann es sogar entscheidend sein.

»Wenn du diesen Nichtsnutz heiratest«, schimpfte der erboste Vater, »wovon willst du dann leben?«

»Lieber Papa«, erwiderte seine Tochter, »Claude hat alles geplant und ausgerechnet. Er kauft in diesem Frühling einige Hühner, und die brüten so viele Küken aus, dass wir im Herbst viele Hähnchen verkaufen können. Der Erlös reicht zum Heiraten. Zum Ende des zweiten Jahres verkaufen wir genug, um unseren Haushalt bestreiten zu können, und im dritten Jahr haben wir dann 6468 Hühnchen! Mit dem Gewinn daraus können wir die 3000 Dollar Hypothek auf das Haus zurückzahlen.«

Die Angaben erscheinen zwar etwas vage, aber Enthusiasmus gehört schließlich zum Traum einer jungen Liebe. Im Übrigen dürfen wir annehmen, dass bestimmte Mittelwerte und Quotienten bei einem solchen Unternehmen konstant bleiben. Vielleicht kann das behauptete Ergebnis ja zustande kommen.

Es genügt hier zu wissen, dass das junge Paar auf der Rückseite des oben präsentierten Blattes die detaillierte Rechnung aufgemacht hatte. Der gestrenge Herr Papa überprüfte sie gründlich und gab tatsächlich nach. Die Hochzeit fand also wie geplant statt, die Hypothek wurde getilgt, und es blieb sogar noch ein kleiner Überschuss für Eventualitäten. Zum Nutzen anderer junger Paare, die ähnliche Vorhaben erwägen, fragen wir unsere Rätselfreunde: Wie viele Hühnchen müssen zu Beginn gekauft werden, damit man trotz der notwendigen Verkäufe nach drei Jahren 6468 Hühnchen hat?

70 Thanksgiving Day

Dieses Rätsel hat mit dem Thanksgiving Day zu tun. Die Abbildung zeigt das Ergebnis eines Truthahnschießens, an dem ich einmal im Wilden Westen teilnahm. Der ausgesetzte Preis war ein großer Truthahn, und ich erinnere mich, dass wir sämtlich Gleichstand erreichten. Jeder hatte sechs Schuss gehabt und eine Punktzahl von einundsiebzig erzielt. Das ließ sich an der Zielscheibe anhand der jeweiligen Zahl in den Ringen und durch Addieren der einzelnen Trefferpunkte ermitteln. Weiter erinnere ich mich, dass das Ergebnis ein interessantes Rätsel ergab, denn es erfordert durchaus Einfallsreichtum, die sechs einzelnen Trefferpunkte herauszufinden, die jeder Teilnehmer bei totalem Gleichstand erzielt hatte.

71 Fünfe gerade sein lassen?

Hier stelle ich eine schöne Methode vor, festzustellen, in welcher Hand eine Person eine ungerade bzw. eine gerade Anzahl von Münzen hält. Wer den Trick gut beherrscht, kann ihn auch variieren, sodass er noch verblüffender wirkt.

Bitten Sie Ihr Gegenüber, eine gerade Anzahl von Münzen in die eine Hand und eine ungerade Anzahl in die andere zu nehmen. Sie wollen ihm dann sagen, in welcher Hand sich die ungerade Anzahl befindet.

Dazu bitten Sie ihn, die Anzahl in seiner rechten Hand mit irgendeiner ungeraden Zahl und die Anzahl in seiner linken Hand mit irgendeiner geraden Zahl malzunehmen und Ihnen die Summe zu nennen.

Jetzt sollten Sie einigen Hokuspokus veranstalten, als würden Sie heftig rechnen, oder weitschweifige Erklärungen über das Wesen der Zahlen abgeben, damit er verwirrt und abgelenkt wird. Sie müssen einzig und allein darauf achten, ob die genannte Summe ungerade oder gerade ist, denn dies verrät Ihnen, ob die Anzahl der Münzen in der rechten Hand ungerade oder gerade ist. Nennt Ihr Gegenüber als Summe beispielsweise 792, so wissen Sie, dass er in seiner rechten Hand eine gerade Anzahl von Münzen hält. Dagegen hält er bei einer Summe von beispielsweise 551 in seiner rechten Hand eine ungerade und in der linken zwangsläufig eine gerade Anzahl.

Durch die Bitte, die Zahl in seiner linken Hand mit einer ungeraden Anzahl malzunehmen, kehrt sich Ihre Antwort um, sodass Sie bei einem weiteren Durchlauf den Trick verschleiern können.

72 Eine Endloskette

Hier wird der Einfallsreichtum dieser kleinen französischen Schmiedin herausgefordert. Sie erhielt eine Kiste mit dreizehn Stücken einer Kette, die sie wieder zusammensetzen und in derselben Kiste zurückschicken sollte. Natürlich brauchen Sie nicht zu hämmern und zu schmieden, sondern nur zu zeigen, wie die Kette hinterher aussah, als sie eng gepackt in der Kiste lag. Es ist deutlich, dass einige der Stücke in der jetzigen Anordnung nicht zusammenpassen. Nehmen Sie also die dreizehn Stücke und finden Sie heraus, wie sie sich so anordnen lassen, dass die Kette als repariert erscheint.

73 Rechtsprobleme

Gerichte werden ja zuweilen angerufen, um knifflige Rechtsfragen zu klären, die den gewöhnlichen Rätselfreund verwirren. Hier ist ein altbekanntes Problem, das, soweit ich weiß, noch nie zufriedenstellend gelöst wurde:

Polus unterrichtete Ctesiphon in der Kunst des Plädoyers. Lehrer und Schüler vereinbarten, dass das Unterrichtshonorar zu zahlen sei, wenn Letzterer seinen ersten Fall gewonnen hat. Es verging einige Zeit, und der junge Mann, der noch keine Klienten hatte, zeigte noch keinerlei Ambitionen, sich beruflich zu etablieren. Polus war sehr beunruhigt und brachte den Fall vor Gericht. Die Prozessgegner plädierten jeweils selbst, und Polus, der zuerst an der Reihe war, erklärte: »Für mich spielt es keine Rolle, wie das Gericht in dieser Sache entscheidet. Denn wenn zu meinen Gunsten geurteilt wird, erhalte ich mein Honorar aufgrund des Urteils. Wenn aber mein Gegner den Fall gewinnt, so ist es sein erster Erfolg, und ich bekomme vertragsgemäß mein Honorar.«

Ctesiphon, ein gelehriger Schüler, erwiderte: »Die Entscheidung des Gerichts ist für mich sogar von noch geringerer Bedeutung. Denn wenn das Urteil zu meinen Gunsten ausfällt, bin ich dadurch von meinen Schulden bei Polus befreit. Doch wenn ich den Fall verliere, kann das Honorar vertragsgemäß nicht gefordert werden.«

Eine wohl noch interessantere Geschichte ist die von einem König, der eine Brücke errichten ließ und anordnete, jeden, der sie überqueren wollte, nach seinem Ziel zu befragen. Sollte er die Wahrheit sagen, dürfte er unbehelligt passieren, bei einer falschen Antwort aber sollte er an einem Galgen mitten auf der Brücke gehängt werden. Eines Tages wurde die übliche Frage einem Mann gestellt, der sich anschickte, die Brücke zu überqueren, und er erwiderte: »Ich gehe zu diesem Galgen, um gehängt zu werden!«

Nun, wenn man ihn hängen würde, hatte er ja die Wahrheit gesagt und müsste davonkommen. Aber wenn man ihn nicht hängen würde, hatte er falsch geantwortet und müsste dafür baumeln.

74 Komplizierte Muster

König Puzzlepate hält einen Gerichtstag ab und zeigt, wie im Rätselland ein Vergehen angemessen gesühnt wird. Ein dummer Flegel wurde verurteilt, mit einem Brett um Hals und Handgelenke an den Pranger gestellt zu werden, bis er herausfand, wie das Brett in zwei Hälften zu teilen ist, die zu einem Quadrat zusammenpassen. Welcher unserer klugen Rätselfreunde kann dem Delinquenten helfen?

Wir sehen außerdem Prinzessin Enigma mit zwei aufgeregten Kaufleuten, die um den Besitz eines wunderschönen persischen Teppichs streiten. Sie erklärt ihnen, dass sie in den Kerker geworfen und erst wieder freigelassen werden, wenn sie herausfinden, wie der Teppich durch Schnitte entlang der Linien in zwei Stücke mit gleichen Formen und Größen zu teilen ist, ohne dass eines der Muster zerstört wird. Mit diesem Rätsel soll gezeigt werden, dass jede symmetrische Form nur entlang einer Linie, die exakt durch die Mitte von einer Seite zur anderen verläuft, in gleiche Hälften zu teilen ist. Falls die Linie vom Ausgangspunkt bis zur Mitte keine durchgehende Gerade ist, muss ihre Form in der anderen Hälfte, von der Mitte bis zum Endpunkt, gespiegelt weitergeführt werden.

75 Sonnenflecken

Professor Embry hat entdeckt, dass diese Sonnenflecken zur Abbildung einer Kugel, also zu einem Kreis, zusammengesetzt werden können. Offenbar stellen sie den geborstenen Himmelskörper dar. Das Zusammensetzen ist aber nicht ganz einfach.

76 Ein Ausflug

Charley Smallcash lädt seine Liebste zu einer Straßenbahnfahrt ein. Allerdings ist er knapp bei Kasse, sodass sie den Rückweg zu Fuß bewältigen müssen. Die Straßenbahn fährt neun Meilen pro Stunde, und die beiden können pro Stunde drei Meilen gehen. Wie weit dürfen sie fahren, wenn sie nach acht Stunden wieder zurück sein müssen?

77 Perfekte Zahlen

Können Sie einer Zahl ansehen, ob es eine »perfekte« Zahl ist? Darunter versteht man eine Zahl, die gleich der Summe all ihrer ganzzahligen Teiler ist. Es gibt etliche perfekte Zahlen, darunter beispielsweise 6 oder 28. Bei der 6 sind 3, 2 und 1 die einzigen Zahlen, durch die 6 ohne Rest teilbar ist und die sich zu 6 addieren. Und bei der 28 sind die Teiler 14, 7, 4, 2, 1, deren Summe gleich 28 ist. Kennen Sie andere perfekte Zahlen oder können Sie welche finden?

78 Im Dschungel

Die erste Aufgabe besteht hier darin, den dreieckigen Wimpel in vier Stücke zu teilen, die sich zu einem Quadrat zusammenfügen lassen. Beim zweiten Rätsel erklärt der Sultan von Zulu der Prinzessin Enigma die Dschungelwährung: Ein Affe, ein Krokodil und ein Elefant sind zusammen so viel wert wie ein Hut. Die Werte des Affen, des Krokodils und des Elefanten ergeben miteinander multipliziert ebenfalls den Wert eines Hutes. Weil Affe und Krokodil gleich viel wert sind, können Sie nun sicher herausfinden, was der Sultan von Zulu für seinen Hut aus Seide bezahlt hat.

79 Post einsammeln

Der Postangestellte Peter muss die Post von dreiundsechzig Briefkästen einsammeln; sein Vorgänger war immer von einem Laternenpfahl zum nächsten gegangen und nach neunzehn Richtungswechseln wieder zum Postamt P nahe beim Zentrum zurückgekehrt. Peter fand aber einen viel besseren Weg, bei dem er weniger oft abbiegen musste. Finden Sie auch einen solchen Weg? Zeichnen sie eine neue Strecke mit möglichst wenig Richtungswechseln, die vom Postamt P ausgeht, an jedem Laternenpfahl vorbei- und zum Startpunkt zurückführt. Peter weist Sie noch darauf hin, dass der quadratische Laternenpfahl nicht exakt ausgerichtet ist.

80 Preiswerter Wein

Madame Bonpain in der Rue St. Germain kaufte ihren Wein von einem Händler, der ihr stets einen Rabatt von fünf Prozent einräumte. Aber ihr Butler verlangte vom Händler außerdem eine Provision von fünf Prozent auf den Rechnungsbetrag, damit er die Lieferungen als ordnungsgemäß akzeptierte. Weil der ehrbare Händler nur einen Gewinn von fünf Prozent der Kosten erzielte, hob er klugerweise den Rechnungsbetrag an, der ohne die zusätzliche Forderung des Butlers nur 879,80 Franc betragen hätte.

Wie hoch fiel die neue Rechnung aus, bei der alle drei zu ihren fünf Prozent kamen?

81 Handlesekunst

Eine Zigeunerin schlug sich mühsam durch, indem sie leichtgläubigen Opfern, die die Zukunft erfahren wollten, je einen Vierteldollar abnahm. Sie beklagte den Niedergang des Wahrsagegeschäfts wie folgt:

»In der vorvorigen Woche habe ich weniger als drei Dollar verdient, in der vorigen Woche nur ein Drittel davon und in dieser Woche etwas weniger als halb so viel wie in der Vorwoche.« Wie viel nahm sie in den drei Wochen ein?

82 Trinken und Teilen

Hier geht es um Bier für eine Truppe der Jungs in Blau während einer Expedition auf Kuba. Das Rätsel ist eigentlich nur eine Erweiterung der berühmten alten Geschichte vom Honigfass, in das vier Gallonen Honig gefüllt werden sollen, wofür aber nur ein 3-Gallonen- und ein 5-Gallonen-Gefäß verfügbar sind.

In unserem Beispiel erbeuteten die Jungs unter anderem ein 10-Gallonen-Fass Bier. Natürlich probierten sie einen Teil davon sofort und brachten den Rest ins Camp, und zwar in drei gleichen Teilen: einen Teil im Fass und die anderen zwei Teile im 3-Gallonen- und im 5-Gallonen-Gefäß.

Wir möchten jetzt wissen, wie viel sie getrunken hatten und wie sie den Rest abgemessen und in drei gleiche Teile aufgeteilt haben – und zwar nur mithilfe der schon erwähnten zwei zusätzlichen Gefäße.

83 Springende Frösche

Baron Münchhausen unterhält unsere Rätselfreunde mit einer Ausstellung wunderbarer Tiere. Er zeigt Prinzessin Enigma seine abgerichteten Frösche, die er »Die Nummern« nennt. Die neun Tiere sollen eine Säule formieren, in der der größte unten sitzt. Zum Aufbauen der Säule sollen möglichst wenige Sprünge nötig sein, wobei immer nur ein Frosch springt. Zu keinem Zeitpunkt darf ein größerer Frosch auf einem kleineren sitzen. Wie viele Sprünge sind aus der gezeigten Anfangsformation der Frösche auf den drei Podesten mindestens nötig, um die geforderte Säule zu erstellen?

84 Das Domino-Rätsel

Aufgabe: Wie viele Punkte kann man in einem Dominospiel sammeln?

Ich habe einmal selbst sehr gern Domino gespielt, und ich schmeichelte mir, dass ich ein ganz hübsches Fünfer-Domino* hinbekommen würde, aber ich hatte die Ehre, in Paris einen Monsieur Blume kennen zu lernen, der mir sehr schnell die Illusion nahm, ich würde auch nur irgendetwas von der Wissenschaft des Domino verstehen. Er war ein professioneller Spieler, schon um die 80 Jahre alt und von Geburt an blind. Er bestritt seinen Lebensunterhalt damit, ins Café zu gehen, wo er Darbietungen seiner wunderbaren Spielkunst gab und seinen Mitspielern fantastische Wetten anbot. Ich

* Beim Fünfer-Domino werden die Augenzahlen an den Enden der Reihe gezählt. Wenn sie zusammen fünf, zehn, fünfzehn oder zwanzig ergeben, werden sie dem Spieler gutgeschrieben, der den passenden Stein angelegt hat. Die Punkte auf einem quer angelegten Stein zählen mit. Beim Spiel nimmt jeder der beiden Spieler sieben Steine auf. Aufgespielt wird mit 6-4, 5-5, 5-0, 4-1 oder 2-3, da hier die Punktzahl glatt durch 5 teilbar ist. Liegen im Spielverlauf an den Enden beispielsweise eine 2 und eine 4, legt man etwa den 4-4 quer an und erhält 10 Punkte. Wer legen kann, muss einen Stein ausspielen, wer nicht legen kann, muss so lange ziehen, bis er einen passenden Stein gezogen hat. Gewonnen hat, wer keinen Stein mehr hat. Kann keiner der Spieler mehr legen, gewinnt der Spieler mit den wenigsten Punkten bei den noch nicht gelegten Steinen.

habe verschiedentlich erwähnt, dass jedes Spiel und jeder Zeitvertreib – beispielsweise Whist oder Schach – eine Reihe von Problemen und Aufgaben liefern kann, die in lehrreicher Weise die besondere Strategie des Spiels beleuchten. Monsieur Blume beendete seine Spiele immer auf ebensolche Weise in der Art eines Rätsels, indem er ankündigte, er werde jetzt genau fünf, zehn oder zwanzig Punkte machen. Bei diesem Teil des Spiels kam mir die Idee zu diesem Domino-Rätsel: Wie viele Punkte können in einem Fünfer-Domino von den beiden Spielern höchstens erreicht werden? Denjenigen unserer Rätselfreunde, die kein Dominospiel zur Hand haben, sei gesagt, dass die Zeichnung einen kompletten Satz von 28 Dominosteinen zeigt, der zur Lösung dieses Rätsels verwendet werden kann.

Legen Sie bei dem Spiel nacheinander die Steine an. Dabei zählen Sie die Augen an beiden Enden, wenn sie sich zu 5, 10, 15 oder 20 addieren. Schauen Sie zu, wie viele Punkte sie sammeln können.

Wo ich gerade beim Domino bin, möchte einen der schönsten Tricks für das Wohnzimmer erläutern, den Sie jemals gesehen haben. Nehmen Sie ein vollständiges Dominospiel mit 28 Steinen und mischen Sie die Steine gut. Unbeobachtet von irgendeinem der Zuschauer verbergen Sie einen der Steine in Ihrer Hand. Sagen Sie nun, dass Sie den Raum verlassen werden und die Zuschauer die Steine in einer langen Reihe auslegen sollen. Dann werden Sie ihnen sagen können, welche Augen auf den beiden Endsteinen zu sehen sind.

Geben Sie acht, dass Sie keine Doppelnummer stibitzen. Mischen Sie die Steine sorgfältig durch und legen Sie dabei den Stein wieder zurück. Dann können Sie verkünden, dass sich an den beiden Endsteinen die 3 und die 1 (oder was sonst auf Ihrem stibitzten Dominostein zu sehen war) befanden.

85 Der gebrechliche Esel

Aesop berichtet von einem Vater und seinem Sohn, die auf ihrem altersschwachen Esel nicht reiten konnten, ohne Anstoß zu erregen. Also beschlossen sie, das Tier zu tragen.

Sie waren noch nicht weit gekommen, als sie den Dorfschullehrer trafen. Er erklärte ihnen, wie sie den 220 Pfund schweren Esel zu tragen hätten. Weil der Vater stärker sei als der Junge, müssten sie den Esel so an die Stange hängen, dass der Vater 125 Pfund und der Junge nur 95 zu tragen habe.

Wo muss der Esel hängen, wenn die Schultern der beiden Träger vier Fuß voneinander entfernt sind?

86 Kohlköpfe

Mrs. Wiggs erklärt König Puzzlepate, dass hier gemäß den Regeln für magische Quadrate vierzehn Reihen mit einer geraden Anzahl von Kohlköpfen vorliegen. Sie bittet ihn, sechs Kohlköpfe wegzunehmen, sodass sechzehn Reihen mit jeweils einer geraden Anzahl zurückbleiben. – Im zweiten Beispiel darf er auch weniger Kohlköpfe wegnehmen, wobei aber die größtmögliche Anzahl von Reihen mit einer geraden Anzahl von Kohlköpfen entstehen soll.

87 Don Quichote und die Windmühle

Tommy Riddles verkündet König Puzzlepate und der lieblichen Prinzessin Enigma, dass Don Quichote ein lebensechtes Modell des Windmühlenmonsters vorführen möchte, das er im Zweikampf besiegt hatte. Zum Lösen des Rätsels sei, wie Tommy erklärt, »ein raffinierter Trick« nötig. Die neun links gezeigten Stücke sollen zu einem Quadrat zusammengefügt werden.

Das zweite Rätsel ist ein Tribut an die mathematische Begabung des armen Sancho Pansa. Er erklärte, beim Sturz ins Sprungtuch berechnet zu haben, dass er gemäß Newtons Fallgesetz nach dem Aufprall dreißig Fuß weit zurück in die Luft geschleudert würde und jeder weitere Aufstieg zehn Prozent weniger hoch ausfiele. Damit sei seine gesamte Flugstrecke ganz einfach zu berechnen, bevor er schließlich im Tuch liegen bliebe. Da er seine Reisekosten ordnungsgemäß abrechnen möchte, mögen ihm doch die Rätselfreunde bei der Lösung helfen

88 Ernte und Pacht

Bauer Smith bearbeitet ein Kornfeld, das er von seinem Nachbarn Jones gepachtet hat. Er erklärt sich bereit, zwei Fünftel der Ernte als Pacht zu entrichten. Als seinen eigenen Anteil hat er Weizen entnommen, dessen Wert die Geschäftspartner auf 50 Dollar schätzen, das sind 18,75 Dollar mehr, als die gleiche Menge Roggen wert ist. Dabei setzen die beiden voraus, dass 13 Scheffel Weizen acht Dollar mehr wert sind als acht Scheffel Roggen. Weil Jones aber Roggen bevorzugt, muss Smith nun ausrechnen, wie viele Scheffel Roggen er ihm als Pachtzahlung geben muss.

89 Schwieriger Zuschnitt

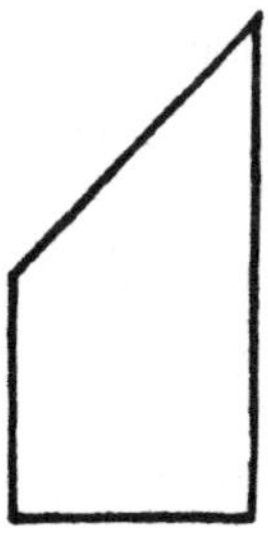

Ein Schneider hat einen trapezförmigen Stoffrest, wie in der Skizze dargestellt. Er will ihn in vier Stücke von gleicher Form und gleicher Größe teilen. Zeichnen Sie auf, wie er das anstellen kann.

90 Seltsame Geschäfte

Frank und Sammy kauften sich für achtundvierzig Cent eine Wassermelone. Diese wollten sie im Verhältnis ihrer Einsätze – Frank dreißig Cent und Sammy achtzehn Cent – aufteilen. Da sahen sie Billy des Weges kommen und drehten ihm ein Drittel der Melone für den Preis der ganzen an. Als Billy weitergegangen war, wollten die Jungs jeweils den halben Rest der Melone essen und das erhaltene Geld dann gerecht aufteilen. Wer hatte dafür an den anderen wie viel zu zahlen?

91 Kleingeld

Drei Jungen fanden eine gut gefüllte Geldbörse. Zwar hatten sie keine Knallfrösche mehr und auch kein Geld, um neue zu kaufen, gaben aber dennoch einer netten alten Dame die Börse zurück, nachdem diese ihnen sagen konnte, wie viel Geld sich darin befand. Um die Jungen für ihre Ehrlichkeit zu belohnen, gab sie ihnen das Kleingeld – 58 Cent in sechs Münzen. Weil sich dieser Betrag nicht in drei gleiche Teile aufteilen ließ, gab sie dem Ältesten eine Münze und vom Rest jedem der anderen Jungen die Hälfte. Dazu erklärte sie, sie dürften den Betrag, den sie gleichmäßig unter sich aufteilen könnten, in Knallfrösche umsetzen.

Die Angaben erscheinen recht dürftig, aber das Rätsel ist lösbar. Es gibt zwar mehrere Aufteilungen von sechs Münzen, die die Bedingungen erfüllen, aber ich glaube, dass unsere Rätselfreunde ohne weiteres den Wert der Münze herausfinden, die die nette alte Dame dem ältesten Jungen gegeben hatte.

92 Elefantentreiber

Hier ist eine nette Kleinigkeit: Das Bild soll wie angedeutet in sechs Teile zerschnitten werden, die dann so zusammenzusetzen sind, dass der Elefant eilig rennt.

93 Sensenmänner

Greenleaf gab im Jahre 1860 eine völlig falsche Lösung für das alte Rätsel an, bei dem zwei Männern 90 Schilling unter der Bedingung zugesprochen wurden, dass sie innerhalb von fünf Tagen ein bestimmtes Feld mähten. Jake hätte es allein in neun Tagen geschafft. Doch weil sein Kumpel Ben kein flinker Arbeiter war, mussten sie für zwei Tage noch Bill einstellen. Das hatte zur Folge, dass Ben $3\,^3/_4$ Schilling weniger erhielt, als er andernfalls zu beanspruchen gehabt hätte. Wie viel Zeit hätten Ben und Bill für die gesamte Arbeit benötigt?

94 Komplizierte Jahresrenten

Der alte Jones setzte für jede seiner drei Töchter eine Jahresrente fest. Dabei sollte der Gesamtbetrag in jedem Jahr genau im Verhältnis der jeweiligen Lebensalter der Töchter aufgeteilt werden.

Bei der ersten Zahlung konnte die Älteste die Hälfte des Gesamtbetrags einstreichen. Als die sechste Zahlung fällig war, erhielt Martha einen Dollar weniger als im ersten Jahr, und Phoebe bekam ein Siebentel weniger, als ihr zuerst zugestanden hatte. Dagegen war der Anteil von Mary Ann doppelt so hoch wie im ersten Jahr. Wie hoch war der Gesamtbetrag der Jahresrente, den Jones festgesetzt hatte?

95 Ein Bücherwurm

Auf einem Bücherregal steht ein zweibändiges Werk. Band 1 umfasst 200 Seiten, und Band 2 hat 320 Seiten. Ein emsiger Bücherwurm (Ptinus brunneus, aus der Familie der Diebskäfer) kann sich in einer Minute durch ein Blatt und in einer Stunde durch einen Buchdeckel bohren. Wie lange braucht er, um sich von der ersten Seite des ersten Bandes bis zur letzten Seite des zweiten Bandes vorzuarbeiten?

96 Zeiträtsel

Wann werden der Stunden-, Minuten- und Sekundenzeiger wieder jeweils so weit auseinander stehen wie auf dem Bild gezeigt?

Rätsel wie diese bauen auf den unveränderlichen Gesetzen der Zeiteinteilung auf und sind daher mit rein mathematischen und mechanischen Mitteln zu behandeln. Die Minute hat 60 Sekunden, die Stunde 60 Minuten, und darum hat die Stunde 3600 Sekunden. Das ist eigentlich alles, was solche Rätsel ausmacht, obwohl es in Verbindung mit Taschen- oder Standuhren etliche schlaue und höchst rätselhafte Aufgaben gibt. Als kleiner Junge habe ich gelernt, dass ein Pendel mit 39,1 Zoll Länge genau eine Sekunde lang schwingt.* Ich liebte damals Wettrennen und hatte darum stets eine an einem Faden dieser Länge befestigte Gewehrkugel bei mir; wenn ich den Faden an einem Nagel im Zaun schwingen ließ, besaß ich ein einfaches Mittel, um die Zeit der rennenden Jungen zu stoppen. Mit der Zeit wurde ich richtig vernarrt in den Sport und bin viele Rennen in allen Ecken der Welt gelaufen. In zahllosen Fällen konnte ich dank des frühzeitigen Trainings meine Haut und wenigstens gelegentlich auch mein Leben retten.

Die bemerkenswerte Tatsache, dass ein 39,1 Zoll langes Pendel genau eine Sekunde für die Schwingung hin und zurück benötigt, ganz gleich, ob diese Strecke zwei Fuß, einen Fuß oder nur einen Zoll beträgt, ist die Grundlage für die Regulierung aller mechanischen Uhren, sogar von Armband- oder Taschenuhren. Dort nutzt man anstelle der Schwerkraft die Dehnung einer Feder, nämlich die Feder der Unruh, die mit der Hemmung der Uhr verbunden ist.

Um die Schwingzeit für ein Pendel zu bestimmen, verwenden die Mathematiker die Formel »Pi mal die Wurzel aus der Länge des Pendels, geteilt durch die Erdanziehung«.**

Hier ist ein nettes kleines Problem für die mathematisch Versierten zum Nachdenken: Wenn ein Pendel in einer Minute so oft schwingen soll, wie es (in Zoll) lang ist, wie lang muss es dann sein?

* 39,1 Zoll entspricht einer Länge von 99,314 cm. Diese Länge für das sog. Sekundenpendel ergibt sich aus dem Zusammenhang zwischen Länge l, der Schwingungsdauer T (die Zeit für eine Bewegung hin und zurück) und der Erdbeschleunigung g gemäß $l = gT^2/(4\pi)^2$. Da die Erdbeschleunigung nicht überall auf der Erde gleich ist, ist ein Sekundenpendel am Äquator nur 99,1 cm, an den Polen hingegen 99,63 cm lang. Der von Loyd angegebene Wert gilt für die mittleren Breiten.

** Also $T = 2\pi\sqrt{l/g}$ (Benennungen wie in der ersten Anmerkung). Der Faktor 2 taucht auf, weil Loyd die Schwingungsdauer hier nur für eine Hin- oder Herbewegung angibt. Dabei ist es egal, ob man die Länge des Pendels in Metern einsetzt (dann muss man für die Erdbeschleunigung den Wert 9,81 m/s^2 verwenden) oder in Zoll (dann verwendet man die Erdbeschleunigung 386,2 $Zoll/s^2$).

97 Eine ungalante Frage

Ein Helfer bei einer Volkszählung suchte eine Dame auf, die auch ihr Alter angeben sollte. Sie behauptete, der Vorschrift Genüge zu tun, als sie erklärte:

»Zu meinem Alter zugefügt
eine Hälfte und ein Drittel,
sowie dazu noch drei mal drei,
das ergibt fünf Dutzend und noch zehn,
und damit unser beider Lebensalter.«

Wie Sie sehen, muss der Volkszählungshelfer von den »fünf Dutzend und noch zehn« Jahren offenbar nur sein eigenes Alter abziehen, um das Alter der Dame herauszufinden. Nichts leichter als das!

98 Tennis-Champions

Die jährlichen Tennismeisterschaften in Wimbledon wurden bis zum Jahre 1921 nach dem Herausfordererprinzip durchgeführt: Nach jedem Spiel schied der Verlierer aus, bis ein Sieger übrig blieb. Dieser forderte dann den Champion des Vorjahres heraus. – Wir nehmen der Einfachheit halber an, es nehmen nur 16 Spieler teil, und der Sieger dieser Vorrunde kommt ins Endspiel. Wenn er den Titel holen will, muss er also fünf Spiele hintereinander gewinnen.

Dabei führt eine Frage zuweilen zu heftigen Diskussionen: Wie hoch ist die Wahrscheinlichkeit für einen der sechzehn Spieler, den Pokal zu erringen, wenn sämtliche Teilnehmer die gleiche Spielstärke haben?

99 Ein Würfelspiel aus dem Orient

Es gibt in Amerika ein Würfelspiel namens »Craps«, das offenbar aus einem alten indischen Würfelspiel hervorging. Man spielt mit drei Würfeln um einen Einsatz. Diesen gewinnt, wer eine Summe von genau sieben oder elf erreicht.

Können Sie sagen, wie groß dabei die Siegchance ist? Mathematisch ausgedrückt: Wie hoch ist die Wahrscheinlichkeit, mit drei Würfeln exakt auf sieben oder auf elf Augen zu kommen?

100 Ratenzahlungen

Manche Leute haben Schwierigkeiten damit, Rechenregeln auf praktische Probleme anzuwenden. Schauen wir uns dazu das folgende Beispiel an:

Eine sparsame Hausfrau wollte für ihre kleine Wohnung Möbel im Wert von 75 Dollar anschaffen und dabei eine der üblichen Ratenzahlungen in Anspruch nehmen. Sie erkundigte sich natürlich, welche Zinsen sie dafür zu entrichten hätte. Die Bedingungen sahen vor, dass sie 5 Dollar sofort sowie pro Monat 5 Dollar zu zahlen habe, bis die Möbel bezahlt sind. Falls sie aber sofort alles bar zahlte, würden ihr 10 Dollar erlassen, sodass die Möbel nur 65 Dollar kosteten.

Auf welchen Jahreszins käme sie also im Vergleich?

101 Ein rollendes Rad und eine Fangfrage

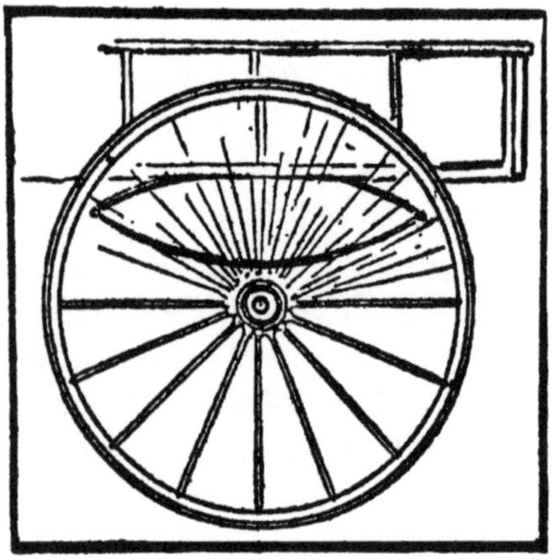

In einer wissenschaftlichen Zeitschrift bat ein Leserbriefschreiber um Auskunft zu einem alten Problem, das unter Ingenieuren und Physikern lange Zeit heftig diskutiert wurde: »Wenn ein Rad auf der Straße rollt, bewegt sich dann der Radteil nahe am Boden langsamer als der gegenüberliegende, obere Teil?«

Es wäre seltsam, wenn der Redakteur ein Problem, das so altbekannt ist wie Samsons Kampf gegen den Löwen, einfach übergangen hätte. Allerdings wich er der Frage geschickt aus und gab eine Antwort, die zwar nicht zur Aufgabe passte, aber des Orakels von Delphi würdig gewesen wäre: »Der Rand des Rades beziehungsweise der Reifen bewegt sich schneller als die Nabe und muss in der gleichen Zeit eine viel weitere Dreh- oder Kreisbewegung ausführen als die Nabe. Aber der Teil des Reifens, der sich am Boden befindet, bewegt sich zwangsläufig mit der gleichen Geschwindigkeit um seine Achse wie der Teil, der am weitesten vom Boden entfernt ist. Sieht man den Erdmittelpunkt als Achse an, dann ist der Teil des Rades am Boden näher an der Mittelachse und daher langsamer als der oberste Teil, der von der Mittelachse weiter entfernt ist. Der Geschwindigkeitsunterschied hängt vom Durchmesser des Rades ab.«

Lesen Sie die Frage und auch die Antwort notfalls ein paar Mal durch, um zu entscheiden, ob der Leser wohl zufrieden sein konnte. Vervollständigen Sie die fehlenden Angaben und nehmen Sie dabei ein bei Fahrrädern verbreitetes 28-Zoll-Rad an; es soll sich auf einem zugefrorenen See bewegen, der ja viel glatter als eine normale Straße ist. Dann sagen Sie bitte: Um wie viel schneller, wenn überhaupt, bewegt sich der oberste Teil des Rades gegenüber dem untersten Teil?

Dieses Problem wurde in der Tat von berühmten Naturwissenschaftlern und Mathematikern ernsthaft diskutiert. Dennoch können wir sicher sein, dass der springende Punkt – wie vom Verfasser beabsichtigt – völlig übersehen wurde. Beim Präsentieren des Problems wurden gerade so viele mathematische und mechanische Aspekte eingebracht, um unter Fachleuten eine Diskussion zu provozieren. Aber die Frage ist mit gesundem Menschenverstand zu beantworten, wenn man den ignorierten Aspekt erkennt.

102 Perpetuum mobile

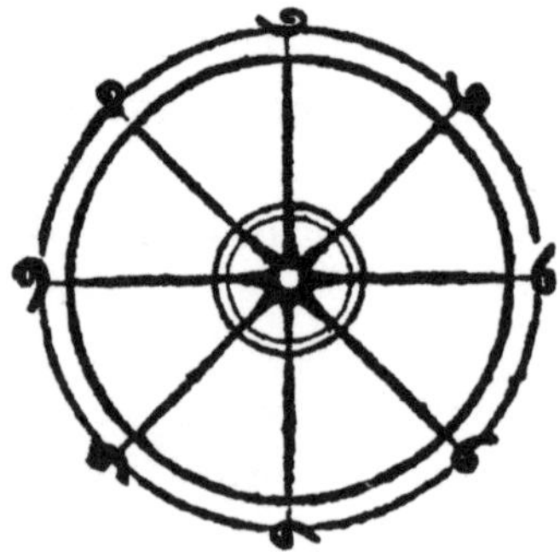

Eng verwandt mit der Fangfrage zum rollenden Rad ist das Problem der unaufhörlichen Bewegung. Wer Ahnung von Mechanik hat, der weiß, dass die Vorstellung eines Perpetuum mobile ebenso absurd ist wie die Erfindung einer Uhr, die sich selbst aufzieht.

Die folgende Scherzaufgabe von Thomas A. Edison ist ebenfalls ziemlich sinnfrei. Die Abbildung zeigt ein Rad mit acht Zahlen, die die Anzahl von Pfunden darstellen, die dort jeweils angehängt sind. Es stehen sich jeweils eine Neun und eine Sechs gegenüber. Weil ja neun Pfund schwerer sind als sechs, wird das Rad schnell rotieren – wie auch Sie, wenn Sie gründlich überlegen.

103 Edelsteine schneiden

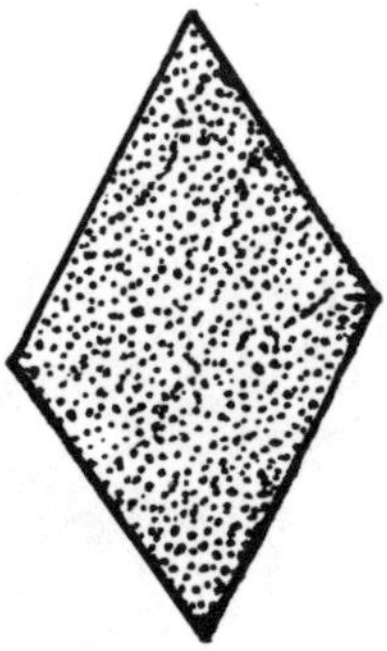

Schneiden Sie diesen Edelstein so in drei Teile, dass Sie sie zu einem griechischen Kreuz zusammensetzen können.

104 Äpfel und Birnen

Kitty fordert Harry auf: »Gib mir einen Penny. Dann kann ich unserem kleinen Schwesterchen und mir je einen Apfel kaufen. Und du hast gerade genug, um dir auch einen zu holen.«

»Nein, Kitty«, entgegnet Harry, »die Kleine hat doch noch keine Zähne und kann keinen Apfel essen. Gib du mir einen Penny. Davon können wir uns jeder eine Birne kaufen, und Schwesterchen kann uns beim Essen zusehen.«

Wie viele Pennys hatte jedes der Kinder?

105 Spiegelfechtereien

Und zu guter Letzt: Suchen Sie im Spiegel Ihr Porträt.

Lösungen

Antwort 1

Der Kassierer gab dem alten Herrn 5 Einer, 50 Zweier und 19 Fünfer.

Antwort 2

Wir wollen das Rätsel einmal von einem einigermaßen neuen Standpunkt aus angehen. Dann lässt sich leicht zeigen, dass die Äpfel, die für je 1/3 Penny bzw. 1/2 Penny verkauft worden wären, im Mittel 5/6 Penny für zwei Äpfel eingebracht hätten, also 25/60 Penny pro Stück. Aber da je fünf Äpfel für zwei Pennys verkauft wurden, also 2/5 oder 24/60 Pennys pro Stück, gab es bei jedem Apfel einen Verlust von 1/60 Penny. Da gesagt wurde, dass 7 Pennys fehlten, müssen wir 60 mit 7 multiplizieren, woraus zu folgern ist, dass es ursprünglich 420 Äpfel gewesen sein müssen, von denen jede der Hökerfrauen die Hälfte hatte. Mrs. Jones hätte für ihre 210 Äpfel 105 Pennys erhalten, sie bekam aber nur die Hälfte von dem Geld, das beim Verkauf von je fünf Äpfeln für zwei Pennys erlöst wurde, also 84 Pennys. Damit machte sie einen Verlust von 21 Pennys, während Mrs. Smith, die eigentlich nur 70 Pennys mit ihren Drei-Stück-für-einen-Penny-Äpfeln hätte verdienen können, nun 85 Pennys erhält.

Das geheimnisvolle Verschwinden der Pennys zeigt sich am Ende des siebzigsten Kombinationsverkaufs: Mrs. Smiths billige Äpfel sind mit dem siebzigsten Verkauf alle, denn dann sind 210 Äpfel, je drei für einen Penny, verkauft. Es bleiben 140 Äpfel zu je zwei für einen Penny. In diesem Stadium hätte Mrs. Smith die Hälfte des Erlöses bekommen und mit ihren 70 Pennys nach Hause gehen müssen. Nun sind noch 70 Verkäufe der teureren Äpfel übrig, bei denen jeweils drei Äpfel zu einem Penny abgegeben wurden, die sich aber eigentlich zu je zwei für einen Penny hätten verkaufen lassen. Das schmälert den Gewinn von Mrs. Jones.

Antwort 3

Die einfache Zeichnung einer Wippe zeigt klarer, was die beiden Seiten einer Gleichung algebraisch bedeuten, als monatelanges Pauken jemals erreichen kann. Wir können damit das grundlegende Prinzip der Algebra erläutern: Das Hinzuzählen oder Abziehen gleicher Größen auf beiden Seiten der Wippe verändert das Gleichgewicht nicht. Die Rätselfrage können wir dann durch Streichen lösen: Fünf Jungen sitzen auf dem einen Arm der Wippe, drei auf dem anderen; wir können also drei von jeder Seite streichen. Da nun drei Mädchen auf der einen Seite und sechs auf der anderen sitzen, können wir drei Mädchen auf jeder Seite streichen; dann bleiben zwei Jungen auf der einen und drei Mädchen auf der anderen Seite – und die Wippe ist im Gleichgewicht. So merkwürdig wie es aussehen mag, wiegen also zwei dieser kleinen Jungen so viel wie drei der Mädchen. Wenn also alle acht Jungen auf der einen Seite der Wippe sitzen würden, brauchte man zwölf dicke Mädchen, um die Wippe ins Gleichgewicht zu bringen. Um das Bild anschaulicher zu machen, stellen Sie sich die Jungen einfach mit Blei gefüllt vor.

Antwort 4

Es wurden 147 Stimmen abgegeben. Bei der ersten Zählung verhielten sich die Ja-Stimmen zu den Nein-Stimmen wie 4 zu 3. Nachdem aber elf Abstimmende von der Ja- zur Nein-Fraktion übertragen worden waren, besaß die Nein-Fraktion eine Mehrheit von einer Stimme. Also entsprach 21 einem Siebtel aller Abstimmenden.

Antwort 5

Bei diesem Bild von dem Elefanten und dem bösen Jungen war verlangt, das Bild in zwei Stücke zu zerschneiden und so zusammenzufügen, dass man erkennt, was geschah, nachdem die Kette zerriss.

Die folgende Illustration beschreibt die Szene sehr treffend:

Antwort 6

Bei den Spielern, die alle gewinnen, handelt es sich um die Mitglieder einer Musikkapelle, die nach dem Auftritt ihre Gage unter sich aufteilen.

Antwort 7

Die Flaschenpost muss von Noah geschrieben sein.

Antwort 8

Die Brezel lässt sich folgendermaßen in zehn Teile zerschneiden:

Antwort 9

Das Rätsel um die Schweizer Flagge ist wie folgt zu lösen:

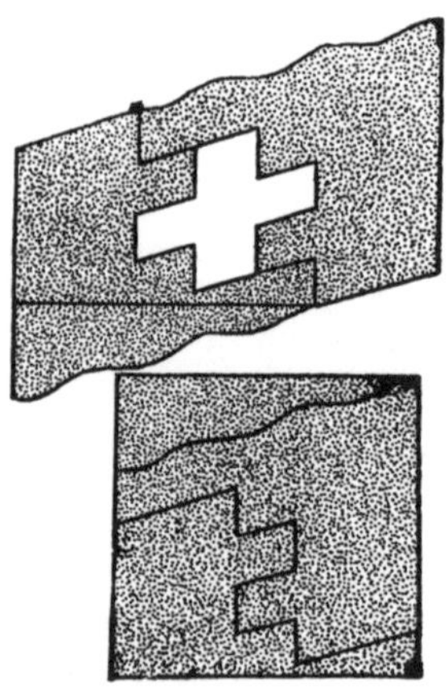

Ein Schweizer Käse kann mit fünf geraden Schnitten in 26 Stücke aufgeteilt werden.

Ein Schachbrett kann beispielsweise folgendermaßen in 18 Stücke aufgeteilt werden, sodass keine zwei Stücke einander genau gleich sind:

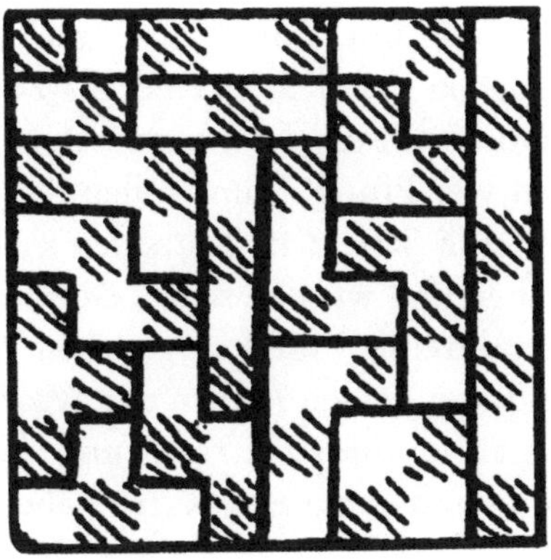

Antwort 10

Der Florist hatte ein 50-Cent- und ein 25-Cent-Stück. Sie legten all ihr Geld zusammen, dann nahm der Florist den 1-Dollar-Schein sowie die 5- und die beiden 2-Cent-Münzen; die Dame nahm die 50-, die beiden 10- und die 1-Cent-Münze, der Junge die 25- und 3-Cent-Münze. Damit hatte jeder den richtigen Betrag.

Antwort 11

Hipity-Hop konnte eine Meile bergan in 40 und eine Meile bergab in 13 1/3 Minuten laufen. Im Mittel braucht er dann für eine Meile hinauf und wieder herunter 53 1/3 Minuten. Da er für den Hinauf- und den Hinabweg sechs Stunden gebraucht hat, können wir die Entfernung des Gipfels bestimmen, indem wir sechs Stunden durch 53 1/3 Minuten teilen. Somit erfahren wir, dass der Gipfel 6 3/4 Meilen weit entfernt ist.

Antwort 12

Durch Vergleich sehen wir, dass die obere Waagschale eine Katze mehr und ein Junges weniger enthält als die untere Waagschale; die Differenz macht vier Pfund. Eines der Kätzchen in der unteren Waagschale wächst ganz plötzlich zu einer Katze heran und nimmt vier Pfund zu, also ist die Differenz zwischen einer Katze und einem ihrer Jungen vier Pfund. Nun wollen wir in Gedanken alle Katzen auf der oberen Schale zu Kätzchen machen. Wir hätten dann sieben Kätzchen und würden sehen, dass sechzehn Pfund die Waage mit siebenunddreißig Pfund ausgleichen. Nun streichen wir die sechzehn Pfund von beiden Armen der Waage. Demnach wiegen sieben Kätzchen einundzwanzig Pfund auf; also wiegt ein Kätzchen drei Pfund und somit eine Katze sieben Pfund.

Antwort 13

Der Schlüssel für das Frankfurter-Würstchen-Rätsel liegt in folgender Überlegung: Wenn Jim elf Cent beigesteuert hat, dann müssen die anderen ebenso viel bezahlen. Die elf Würstchen waren also 33 Cent wert. Harry hatte vier Würstchen für zwölf Cent gekauft, er erhielt also einen Cent von Jims Geld. Tommy hatte sieben Würstchen für 21 Cent gekauft, er hatte also Anspruch auf zehn Cent des Geldes. Damit hat jeder der Jungen elf Cent beigesteuert. Und was die gleichmäßige Verteilung der Würstchen angeht, so sei gesagt, dass jedem Jungen drei ganze und zwei Drittel eines Würstchens zustanden.

Antwort 14

Die Herde umfasste 17 Kamele.

Antwort 15

Die linke Abbildung zeigt, wie die vier Teile aussehen sollten.

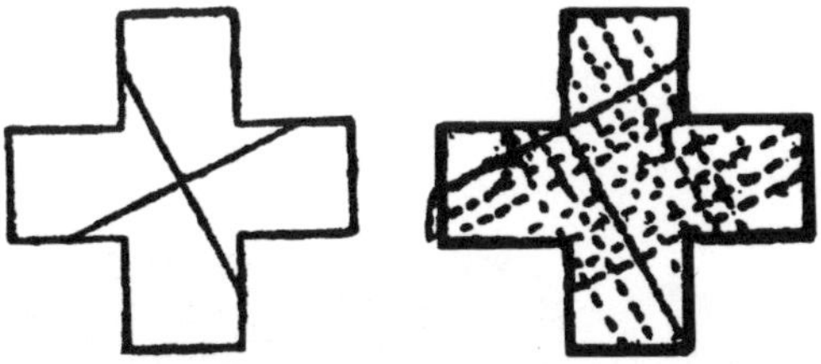

Im Nachhinein entdeckte ich, dass es sogar unendlich viele Antworten gibt, denn der eine Schnitt kann zwischen den gezeigten Begrenzungslinien beliebig gewählt werden, der andere Schnitt muss nur senkrecht darauf stehen, wie in der Abbildung rechts. Die vier so entstehenden Teile lassen sich stets zu einem perfekten Quadrat legen. Die Rätselerfinder können ihren Erfindungsreichtum also darin zeigen, bestimmte Auflagen oder Bedingungen einzuführen, die alle Antworten außer der einen gewünschten ausschließen. In den Illustrationen wird verlangt, ein Kreuz in vier gleiche Teile zu zerlegen, die zusammen ein Quadrat bilden. In einem anderen Rätsel hieß es: »Zerschneiden Sie ein Kreuz mit zwei Schnitten in vier Teile, die zusammen ein Quadrat bilden.«

Antwort 16

Aus der Hindu-Blume lässt sich folgendermaßen ein Kreuz legen:

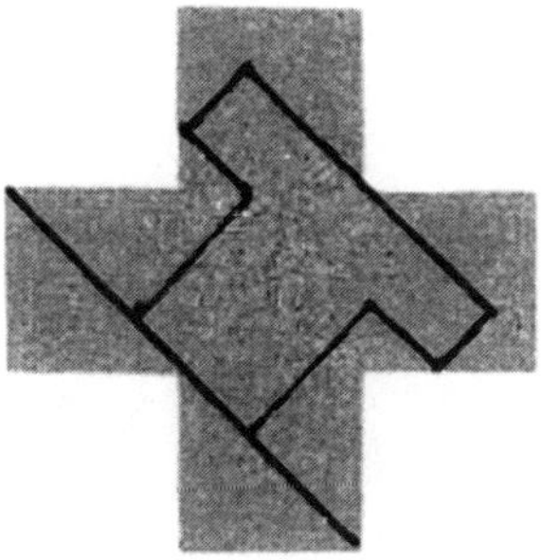

Antwort 17

Der Händler hat jedes Mal um 3/5 (oder 60%) reduziert. Der nächste Preis wäre also 51,2 Cent.

Antwort 18

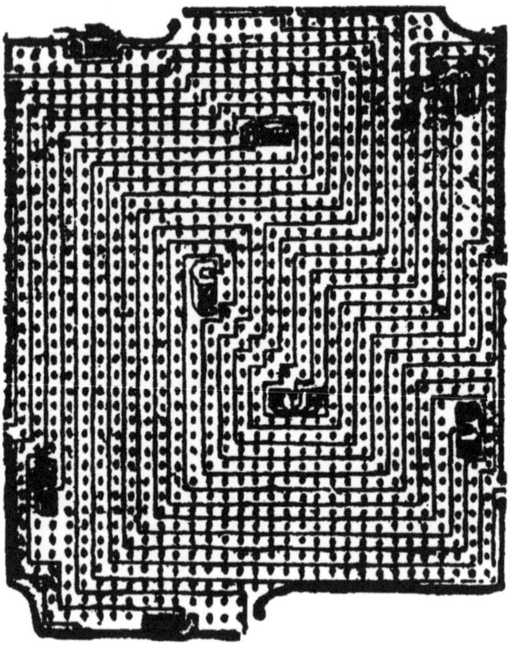

Antwort 19

Lola-Lola sperrte ihre Schafe folgendermaßen in die Pferche:

Antwort 20

Die größte Herausforderung in diesem Rätsel ist es zu erkennen, dass die Aussage »Die Waage wiegt neun Pfund« nichts über das Gewicht der Waage aussagt, sondern darüber, dass die Waage alle Gegenstände bis zu einem Maximalgewicht von neun Pfund wiegen kann. Danach wird alles ganz unproblematisch: Der Angler wiegt 125 Pfund. Also muss das Gewicht der Fische (ohne Schuppen) $2^1/_2$ Pfund betragen, das ihrer Schuppen $^1/_2$ Pfund. Das Gewicht der Waage beträgt $9^1/_2$ Pfund. Das macht zusammen $12^1/_2$ Pfund, und das ist gerade ein Zehntel vom Gewicht des Anglers.

Antwort 21

Heindrichs hatte anfangs ein 25-Cent-Stück und einen Zehner, Claus hatte ein Goldstück von $2,50 und ein 2-Cent-Stück, Karl hatte ein 10-Cent- und ein 3-Cent-Stück. Am Ende des Spiels hat Heindrichs je ein 3- und ein 2-Cent-Stück, also einen Verlust von 30 Cent. Claus hat das Goldstück von $2,50 und ein 10-Cent-Stück, woraus sich sein Gewinn von 8 Cent ergibt. Und Karl hat das 25-Cent-Stück und einen Zehner, was einen Gewinn von 22 Cent bedeutet.

Antwort 22

Die drei Glückspilze hatten drei 5-Cent-Stücke, drei 25-Cent-Stücke und eine goldene 3-Dollar-Münze, die sie in den Brunnen warfen.

Antwort 23

[Sam Loyd schlägt selber keine Lösung vor, aber es ist offensichtlich, dass der echte elfte Mann noch kein Bett angeboten bekommen hat. Derjenige, den das Rätsel trickreich als elften bezeichnet, ist in Wirklichkeit der zweite Mann. H. L.]

Antwort 24

Das Problem des Pythagoras lässt sich durch Anwendung des erwähnten Satzes lösen, dass der Flächeninhalt der beiden Quadrate über den kleinen Seiten eines rechtwinkligen Dreiecks gleich dem Flächeninhalt des Quadrates über der langen Seite des Dreiecks ist. Nehmen wir unsere Schere und führen wir den ersten schrägen Schnitt. Dann erhalten wir ein Dreieck, dessen Basis genauso lang ist wie die Seitenlänge des im Rätsel gezeigten kleinen Quadrats und dessen Höhe gleich der Seitenlänge des großen Quadrats ist. Die schräge Linie, die Hypotenuse, gibt also die Seitenlänge des gesuchten Quadrates an, dessen Flächeninhalt gleich der Summe der beiden anderen Quadrate sein soll. Nun führen wir den zweiten schrägen Schnitt, erhalten ein weiteres Dreieck und können diese drei Teile zu dem gesuchten Quadrat zusammenfügen. Diese

Regel lässt sich immer für die Kombination zweier beliebiger Quadrate anwenden.

Antwort 25

Wie man »Diamanten« macht, zeigt die folgende Illustration. [Im Parallelogramm klettert nach dem Zerschneiden das rechte Stück eine Stufe hinauf, um eine Raute zu erhalten. Im Quadrat tauschen die beiden Teile einfach ihre Positionen. H. L.]

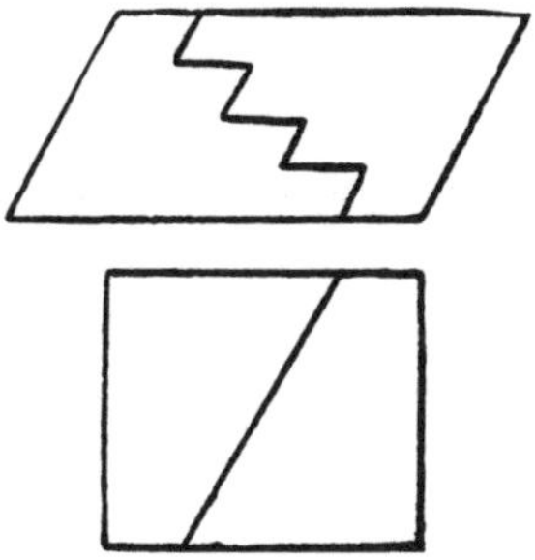

Antwort 27

Hier wird gezeigt, wo sich das freche weiße Häschen entdecken lässt, das die Töpfe mit den exotischen Pflanzen umgeworfen hat. Man erkennt die Ursache des Unglücks in der Bildmitte, wie es an den Blättern knabbert.

Antwort 28

Jemanden, der dreiundsechzig Zahlen ohne Fehler addieren kann, stellt diese Aufgabe vor kein Problem, und wenn wir die Antwort wissen, sieht sie ganz einfach aus – und doch kann kein menschlicher Geist sich die Menge ihrer Unermesslichkeit vor Augen führen. Für Sissa war es ein leichtes, die Zahl der Körner zu berechnen – sie dann tatsächlich aber auch zu zählen, ist eine andere Geschichte.

Ein Trillion ist eine kleine Zahl, wenn man sie spricht, und doch kann man sie nicht begreifen. Diese Zahl taucht in der Legende des wandernden Juden auf, der auf der Erde wallen sollte, bis er eine Trillion gezählt hatte. Wenn er zehn Stunden täglich pro Sekunde eins weiterzählen könnte, wäre das eine Verpflichtung für 75.000 Jahre. Schonen Sie also Ihre Nerven und versuchen Sie nicht sich klarzumachen, was 18.446.744.073.709.551.615 Weizenkörner bedeuten!

1	1
2	2
4	3
8	4
16	5
32	6
64	7
128	8
256	9
512	10
1024	11
248	12
496	13
8192	14
16384	15
32768	16
65536	17
	usw.

Bei diesem Problem der Verdopplung von einem Feld zum nächsten und so weiter bis zum 64. würde uns eine Tabelle wie die obige helfen, die man auch als arithmetische Reihe bezeichnet. Diese Reihe bis 64 (oder darüber hinaus) fortzusetzen und dann alle Zahlen zu addieren, ist jedoch ein wenig anstrengend, insbesondere bei den großen Zahlen. Sofort kommt die Frage auf: Gibt es nicht einen kürzeren Weg?

Ein Blick auf die Tabelle zeigt uns gewisse Merkmale, nämlich dass die Zahlen in bestimmten Verhältnissen zueinander stehen. Beispielsweise ergeben die Zahlen aus der 3. und der 5. Zeile miteinander malgenommen die Zahl aus der 7. Zeile, die Zahlen aus der 6. und der 12. Zeile ergeben die Zahl aus der 17. Zeile, die 7. mal die 7. Zeile ergibt die 13. usw. Wir können uns daraus folgende Regel ableiten: Indem wir die Zahlen in der rechten Spalte addieren und 1 abziehen, können wir das entsprechende Produkt in der linken Spalte ablesen.

Wenn wir nach dieser Regel beispielsweise die Zahl in der 8. Reihe mit sich selbst multiplizieren, dann erhalten wir das Produkt in der 15. Zeile (8 + 8 – 1 = 15) und demnach 128 · 128 = 16.384 (also die Zahl in der 15. Zeile).

Wenn wir – wiederum nach dieser Regel – beispielsweise das 15. Produkt mit sich selbst malnehmen wollen, dann erhalten wir das 29. Produkt (15 + 15 – 1 = 29), also 16.384 · 16.384 = 268.435.456 für die Zahl in der 29. Zeile.

Dieses 29. Produkt mit sich selbst malgenommen ergibt das 57. Produkt (29 + 29 – 1 = 57); mit anderen Worten: 268.435.456 mit sich selbst malgenommen ergibt 72.057.594.037.027.936 für die Zahl in der 57. Zeile.

Wir wenden noch einmal unsere Regel an. Um das letzte, das 64. Produkt zu erhalten, multiplizieren wir das 57. Produkt mit dem 8. (denn 57 + 8 – 1 = 64). Dann haben wir 72.057.594.037.027.936 · 128 und erhalten 9.223.372.036.854.775.808 für die Zahl in der 64. Zeile.

Nun müssen wir nur noch alle diese 64 Zahlen zusammenzählen. Das wäre eine ziemlich große Addition, die einen durchschnittlichen Schuljungen schon erschrecken kann. Aber durch eine ganz einfache Regel kommen wir um die Rechnung herum: Die

Summe einer arithmetischen Reihe lässt sich bestimmen, indem man den letzten Term verdoppelt und dann den ersten Term abzieht. Damit kommen wir ganz leicht auf die Gesamtsumme von 18.446.744.073.709.551.615 Weizenkörnern als Lösung für dieses Schachbrett-Rätsel.

Antwort 29

Die Frage, ob ein in einer geschlossenen Kiste herumfliegender Vogel deren Gewicht erhöht oder verringert, wurde in der Leserschaft kontrovers diskutiert. Allerdings ist die überwältigende Mehrheit der Meinung, dass das Gewicht des Vogels zu dem der Kiste hinzugezählt werden muss, und es fällt schwer, einsichtige Argumente für die Gegenseite zu finden, obwohl diese Ansicht weit verbreitet ist. Die Verfechter dieser Meinung brachten das bekannte Rätsel vom Fisch im Goldfischglas, aber es gibt zwei Versionen dieses Problems: Die eine Fassung, bei der gefragt wird, warum ein Fisch in einem Wassertank dessen Gewicht nicht erhöht, ist ein dummer Witz; tatsächlich steigt das Gewicht, es sei denn, der Tank ist randvoll mit Wasser, sodass Wasser überläuft und dadurch die Dinge wieder ins Lot kommen. Aber das Problem mit dem Fisch ist nicht dasselbe wie das mit dem Vogel, denn der Fisch ist genauso schwer wie das Wasser und schwebt. Der Vogel aber ist schwerer als Luft und bleibt nur deshalb oben, weil er sich mit seinen Flügeln nach unten an der Luft abstößt. Daher zeigt die Waage ein zusätzliches Gewicht, das sich als Differenz zwischen dem Gewicht des Vogels und dem Gewicht der durch ihn verdrängten Luft ergibt. Dieser Gedankengang ist so lange richtig, wie die Kiste geschlossen ist, weil nur dann die Luft den erzeugten Flügeldruck nach unten überträgt. Wenn wir uns in Gedanken die Kiste weit öffnen und sie beispielsweise durch einen Gitterkäfig ersetzen, kann die Luft an den Seiten entweichen, und das an der Waage angezeigte Gewicht ändert sich nicht.

Antwort 30

Viele gewitzte Rätselfreunde und Mathematiker haben sich in wenigstens einer der beiden Fußangeln gefangen, die in dieser neuen Einkleidung des altehrwürdigen Problems der beiden Apfelfrauen versteckt sind. Wir gingen davon aus, dass während des ersten Gangs bei einem Osterbankett dreißig Eier gegessen wurden, immer drei Eier pro Minute, was dann natürlich zehn Minuten dauert; weitere dreißig Eier wurden während des zweiten Gangs gegessen, immer zwei Eier pro Minute, was noch mal fünfzehn Minuten macht, insgesamt also fünfundzwanzig Minuten für sechzig Eier. Aber während des dritten Gangs wurden noch mal sechzig Eier gegessen, und zwar immer abwechselnd zunächst drei Eier pro Minute und dann zwei Eier pro Minute, sodass sich wieder ein Schnitt von fünf Eiern in zwei Minuten ergibt. Wer die Mathematik bei diesem Fall überblickt, der erkennt, dass man mit der Geschwindigkeit von fünf Eiern pro zwei Minuten die sechzig Eier in vierundzwanzig Minuten verbraucht, die Gesamtmenge von zehn Dutzend ist also in neunundvierzig Minuten gegessen!

Aber der Barbier wollte ja wissen, »wie lange es dauert, bis diese zehn Dutzend Eier gegessen sind, wenn nur halb so viele Gäste bei dem Osterbankett gewesen wären.« Die Mathematiker machten den Fehler zu sagen, dass die halbe Anzahl von Gästen doppelt so viel Zeit benötigen würde, also achtundneunzig Minuten. Man muss schon ein sehr gewitzter Rätselfreund sein, um zu erkennen, dass diese Menge an Eiern (es dürften wohl nur sehr kleine Eier gewesen sein) von nur einer einzigen Person gegessen wurde! Ja, es war ein sehr exklusives Bankett – mit nur einem einzigen Gast! Bei halb so vielen Gästen wären also gar keine Eier gegessen worden.

Nehmen Sie die Zeiten, wie sie in dem Rätsel genannt wurden: Dreißig Eier in zehn Minuten, dreißig Eier in fünfzehn Minuten und sechzig in vierundzwanzig Minuten. Man erkennt ganz klar, dass immer nur ein Ei zur selben Zeit gegessen wurde. Außerdem hieß es, die Eier würden »pausenlos« verzehrt. Dazu benötigt man nur eine einzige Person!

Bei mehr als einer Person wären die Bedingungen des Rätsels nicht erfüllt: Die letzten Eier wurden mit einer Geschwindigkeit von abwechselnd drei pro Minute und dann zwei pro Minute verspeist. Wie aber können zwei Personen »pausenlos« drei Eier essen? Oder wie drei Personen zwei Eier? Es gibt keine andere Zahl außer der Eins, die Teiler sowohl der Zwei als auch der Drei ist!

Antwort 31

Es gibt elf verschiedene Stellungen, die der Minutenzeiger in fünfzehn Minuten einnehmen kann und in denen er dann so weit vor dem Stundenzeiger steht, wie er zuvor hinter ihm gestanden hat. Aber es gibt nur eine einzige Stellung, bei der diese Bedingung erfüllt ist und zusätzlich der Sekundenzeiger die im Bild gezeigte Stellung innehat und die anderen Zeiger nicht zu sehen sind. Die einzig mögliche Antwort ist, dass Fritz, der rechnende Barbier, um 10 Uhr, 47 Minuten und $2\,^{8}/_{11}$ Sekunden begann und bei 11 Uhr, 2 Minuten und $2\,^{8}/_{11}$ Sekunden fertig war.

Antwort 32

Den schlauen Münztrick löst man folgendermaßen:

Antwort 33

Praktisch jeder – Mathematiker ebenso wie Rätselfreund – verfällt dem verbreiteten Fehler anzunehmen, dass der Einfluss des Windes sich gerade herausmittelt. Das wäre in der Tat der Fall, wenn das Luftschiff zehn Minuten mit dem Wind und zehn Minuten gegen den Wind gefahren wäre, wenn es also in die eine Richtung ebensoviel Unterstützung erführe wie Hemmung in Gegenrichtung. In dem angeführten Fall aber schiebt der Wind nur zehn Minuten und bremst eine ganze Stunde. Man kann recht einfach herausfinden, dass der Wind mit einer Geschwindigkeit von einer Meile in 4 Minuten und 48 Sekunden geweht hat und dass das Luftschiff eine Meile in $3^9/_{21}$ Minuten zurücklegt. Damit hätte das Luftschiff für die Zehn-Meilen-Strecke bei Windstille 34 Minuten, $17^1/_7$ Sekunden gebraucht. [Der Wind wehte mit 12,5 Meilen pro Stunde (20,1 km/h), das Luftschiff hatte eine Geschwindigkeit von 17,5 Meilen pro Stunde (28,1 km/h).]

Dieses Rätsel wurde den Mathematikern gestellt, die den mit Händen greifbaren Fehler in der Beschreibung der Rekordzeit von Santos-Dumont nicht bemerkt hatten.

Antwort 34

Die Geschichte beschreibt zwei Billardkugeln!

Antwort 35

Viele Mathematiker und Rätselfreunde, die sich das aufregende Rennen von Hund und Katz' anschauen, überlegen Folgendes: Wenn der Hund mit jedem Satz fünf Fuß springt und die Katze drei, wenn aber der Hund drei Sätze auf fünf der Katze macht, dann sollte ihre Geschwindigkeit gleich sein, und das Rennen geht unentschieden aus. Das würde es jedoch nur, wenn die beiden auf einer geraden Strecke laufen. Aber die Rennstrecke ist nur 75 Yard lang, hin und zurück jeweils $112^1/_2$ Fuß. Dann braucht der Hund

23 Sätze bis zum Pfosten und genauso viel zurück, also insgesamt 46 Sätze zu je fünf Fuß Weite; der Hund läuft also insgesamt 230 Fuß, d. h. fünf Fuß zu weit. Die Katze kommt hin und zurück mit 76 Sätzen zu je drei Fuß Weite, legt also insgesamt eine Strecke von 228 Fuß zurück. Damit hat die Katze das Rennen mit zwei Fuß Vorsprung gewonnen.

Antwort 36

In dem netten Rätsel um die fünf kleinen Mädchen kann es, wie man leicht zeigen kann, nur zehn Paarungen geben. Alle Mädchen haben jeweils unterschiedliches Gewicht. Die beiden leichtesten Mädchen müssen zusammen 114 Pfund wiegen. Beim Vergleich mit dem nächstleichten Paar (116 Pfund) wird klar, dass das leichteste Mädchen zwei Pfund weniger wiegen muss als das zweitleichteste. Also müssen die beiden leichtesten Mädchen 56 bzw. 58 Pfund wiegen. Und so kann man sich immer weiter durch die Reihe der Gewichte hangeln und kommt schließlich darauf, dass die Mädchen 56, 58, 60, 64 und 69 Pfund wiegen müssen.

Antwort 37

Der Großknecht erhielt 1,10 Dollar für den ersten Tag und arbeitete dann 90 Tage für 1,11 Dollar, hat also insgesamt 91 Tage für 101 Dollar gearbeitet. Der Knecht arbeitete 101 Tage für 101 Dollar. Und der Handlanger arbeitete einen Tag für 90 Cent, danach 110 Tage für 91 Cent, insgesamt also 111 Tage für 101 Dollar. Alles in allem wurden somit 303 Tagwerke geleistet, und die drei Männer erhielten zusammen 303 Dollar.

Antwort 38

»Dann«, so entgegnete Sammy, »kosten ihn die Hämmer zehn Cent aufs Stück, denn wenn er in beiden Fällen denselben Gewinn macht, dann muss er den zweiten zum Selbstkostenpreis verkaufen.« Das war ein ganz einfaches Problem ohne jede Schwierigkeit, aber es zeigt die richtige Denkweise, zu einer Lösung zu kommen.

Antwort 39

Natürlich kann Großvater nicht die Schwester seiner Witwe heiraten, denn wenn es eine Witwe gibt, dann wäre er ja bereits tot. Aber er kann sehr wohl die Schwester seiner Witwe geheiratet haben: Zuerst heiratete er Mary Ann, die jedoch verstarb; dann heiratete er deren Schwester und starb später selbst. Damit hatte er ganz offensichtlich die Schwester seiner Witwe geheiratet.

Antwort 40

Das Müller-Rätsel ist durch die folgende Frage schon so gut wie gelöst: Der Bauer hat jetzt neun Teile von wie viel? Wenn er jetzt einen Scheffel hat und das neun Zehntel seiner ursprünglichen Kornmenge sind, dann muss er anfangs zehn Neuntel eines Scheffels gehabt haben. Der Müller nahm ein Zehntel dieser Menge weg (ein Neuntel Scheffel), dem Bauern bleiben demnach neun Neuntel, also ein ganzer Scheffel übrig.

Antwort 41

Bei dieser kleinen Version des Turms von Hanoi muss 8191-mal umgeschichtet werden. Diese Anzahl ergibt sich aus der Regel, dass zwei hoch 13 minus 1 ($2^{13} - 1$) Vorgänge gebraucht werden.

Antwort 42

Der Jongleur zerschneidet eines der Dreiecke genau auf der Hälfte der zweitlängsten Seite, wie in folgendem Bild zu sehen:

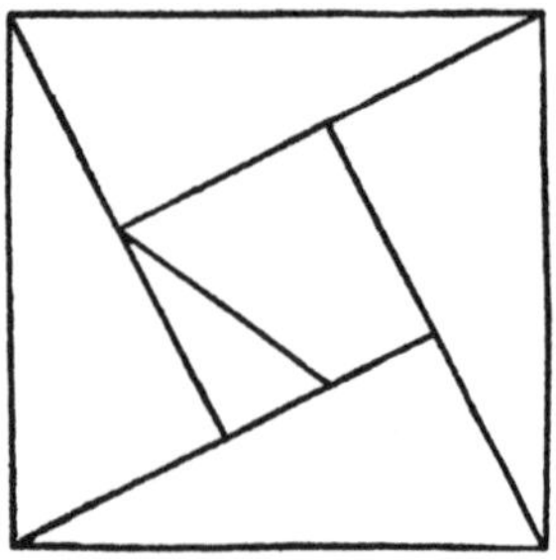

Antwort 43

Wenn man den Würfel auf einem steilen, eine Meile langen Weg nach oben trägt und dabei eine halbe Meile Höhenunterschied überwindet, dann verlagert sich der Schwerpunkt des Marmorklotzes um 4 1/2 Zoll nach hinten. Mathematisch gesprochen sind dann die Hände des Trägers 49 1/2 Zoll (nämlich 36 Zoll für die Grifflänge, 9 Zoll für die Hälfte der Würfelkantenlänge und 4 1/2 Zoll für die Verlagerung) vom Schwerpunkt entfernt. Die Positionen der beiden anderen Männer müssen jeweils in der Hälfte dieser Entfernung sein. Um den beiden Hintermännern die bestmögliche Arbeitsposition zu geben, könnte man einen der beiden 14 3/4 Zoll und den anderen 34 3/4 Zoll hinter dem Schwerpunkt einsetzen; wenn dann jeder der Männer 210 2/3 Pfund trägt, ist das Gewicht gleichmäßig verteilt. Natürlich sind aber auch andere Entfernungen möglich, die nur zusammen 49 1/2 Zoll ergeben müssen.

Antwort 44

Die orientalische Liebesgeschichte erzählt die Liebe zu einer – Tabakspfeife!

Antwort 45

In diesem berühmten ungelösten Rätsel wird behauptet, dass zwei Männer einen 100 Yard langen Graben aushoben. Der eine bekam 90 Cent pro laufendem Yard, der zweite 1,10 Dollar, weil er tiefer graben musste. Dann lässt sich leicht zeigen, dass der erste Mann 55 Yard ausgehoben hat; bei einem Lohn von 90 Cent macht das genau 50 Dollar. Damit lief der Graben von rechts kommend bis zum Punkt C. Von diesem Punkt aus grub der andere Mann einen tieferen Graben bis zur Straße. Die Hypotenuse dieses Dreiecks misst $45\,^{45}/_{99}$ Yard, was bei einem Lohn von 1,10 Dollar ebenfalls 50 Dollar ergibt. Und das ist zweifelsohne die Lösung des Rätsels, das über Jahrhunderte ein Schreckgespenst war.

Antwort 46

Die Darktown-Schüler haben das Damebrett folgendermaßen zusammengeflickt:

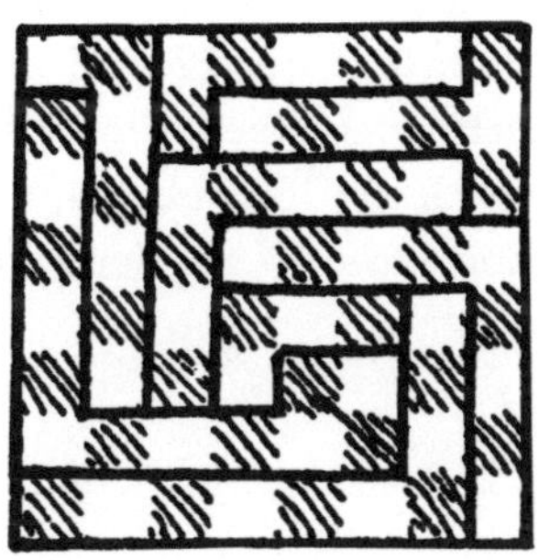

Die Rätselland-Algebra sieht so aus:

$$\begin{array}{r} 96327 \\ +\ 85014 \\ \hline 181341 \end{array}$$

Antwort 48

Wir erfuhren, dass die drei Bräute 396 Pfund wogen und dass sich ihre Gewichte jeweils um zehn Pfund unterschieden. Also wog Kitty 122, Nellie 132 und Minnie 142 Pfund. Da Brown ebenso viel wog wie seine Braut, bringen wir Kitty und Brown mit insgesamt 244 Pfund zusammen. Die anderen Paare waren dann Nellie und Jones (198 Pfund) mit zusammen 330 Pfund sowie Minnie und Robinson (284 Pfund), die gemeinsam 426 Pfund auf die Waage brachten. Die Summe aller Gewichte betrug damit 1000 Pfund oder eine halbe Tonne.

Antwort 49

Nach einem Jahr hätte man nicht weniger als 4.503.599.627.370.495 Nägel in den Laderaum verfrachtet, deren Gesamtgewicht 628.292.358 Tons betrüge. Um es zu tragen, brauchte man 27.924 Schiffe von der Größe der »Great Eastern«.

Antwort 50

Das Heiratsspiel gewinnt man durch Nennen von 1, 2 oder 3. Dann sind die siegreichen Punkte 9, 13, 22 und 28. Sie gewinnen auch, wenn Sie Folgendes nennen können: die 34 beim Daumen, die 32 auf der 2, die 31 auf der 3, die 30 auf der 4, die 24 auf der 3, die 19 auf der 2, die 17 auf der 4, die 16 auf der 2, die 11 auf der 3, die 6 auf der 2.

Antwort 51

Der Baumeister schnitt von der zweiten Trennlinie beim Daumen des Königs gerade bis zur dritten Trennlinie beim Finger oben am Grundriss. Danach verschob er den rechten Teil um eine Zelle nach oben. Nun gab es nur noch 124 Zellen, und es konnte ein Weg festgelegt werden, der an der linken Ecke begann, zu ihr zurückkehrte und dabei an jeder Zelle nur einmal vorbeiführte.

Antwort 52

Dieses Rätsel ist nach folgendem Prinzip zu lösen: Man muss die gesamte Anzahl der Studenten auf die Anzahl der Maßkrüge aufteilen, die die eine Gruppe mehr getrunken hat als die andere. Dazu ist die Anzahl der Studenten in jeder Gruppe jeweils mit der Anzahl der Maßkrüge zu multiplizieren. Der Quotient beider Ergebnisse ist dann die Anzahl, um die die eine Gruppe stärker ist als die andere.

Wir müssen daher eine Zahl unter 24 finden, die ein Teiler von 108 ist; diese Bedingung wird durch die Zahl 18 erfüllt. Der Quotient 6 gibt an, wie viel mehr Rote als Blaue zugegen waren. Also waren es 12 Rote und 6 Blaue. Die Roten tranken 216 und die Blauen 108 Maßkrüge.

Antwort 53

Der Postbote beginnt an der Allee B und der 1. Straße. Dieser folgt er nach oben bis zur Allee C und geht auf ihr bis zur 3. Straße. In diese biegt er ein und geht bis zur Allee A, dann auf dieser zurück zur 2. Straße sowie hinauf zur Allee C. Hier geht er bis zur 4. Straße und folgt ihr bis zur Allee A. Auf dieser geht er zurück zur 1. Straße, diese bis zur Allee B hinauf und schließlich bis zur 4. Straße.

Antwort 54

Der erste Spieler sollte, um zu gewinnen, zu Beginn die 2 oder die 4 nennen.

Antwort 55

[Sam Loyd bleibt die Antwort schuldig, offenbar war ihm die Aufgabe zu trivial. Der Vollständigkeit halber sei erwähnt, dass die beiden Männer gemeinsam an einem Tag $^{7}/_{12}$ des Feldes mähen können, für das restliche Stück benötigen sie noch einmal $^{5}/_{7}$ des Folgetages. H. L.]

Antwort 56

Die Schlüssel können in drei Gruppen so angeordnet werden, dass sich die folgende Multiplikation ergibt: 78 · 345 = 26910.

Antwort 57

Offensichtlich hatten die Kinder den Kalender noch nicht durchschaut – wollten sie doch mit ihren Büchern am Sonntagmorgen zur Schule gehen! Es ist doch klar, dass dann, wenn der Tag nach morgen gestern ist, heute drei Tage her ist. Entsprechend bringt es uns, wenn der Tag vor gestern morgen war, um drei Tage zurück, was Sonntag ergeben muss, der ja auf halbem Wege zwischen den zwei »morgen« liegt.

Antwort 58

Der überaus emsige Lebensmittelhändler hatte bereits durch Probieren herausgefunden, wie hoch er die Pyramide bauen konnte, ohne dass die Eier zerdrückt wurden. Seine Pyramide besaß eine dreieckige Grundfläche mit 193 Eiern an jeder Kante, also mit insgesamt 18.721 Eiern. Auf ihr lasteten 192 Schichten mit 1.216.865 Eiern.

Tatsächlich ist es gleichgültig, ob man eine quadratische oder eine dreieckige Pyramide baut, die Anzahl möglicher Schichten bleibt gleich.

Um die Anzahl von Eiern in einer quadratischen Pyramide zu ermitteln, multiplizieren wir die Anzahl an einer Kante der Basis mit dieser Anzahl plus eins sowie mit der doppelten Anzahl plus eins; das Ergebnis dividieren wir durch sechs. Die Formel dafür lautet:

$n \cdot (n + 1) \cdot (2\,n + 1)/6.$

Die Anzahl von Eiern in einer dreieckigen Pyramide ist ähnlich zu berechnen:

$n \cdot (n + 1) \cdot (n + 2)/6.$

[Sam Loyd ließ offen, woher sein Lebensmittelhändler all die Eier hatte und was er anschließend damit anstellte. H. L.]

Antwort 59

Das Rätsel um die falsche Flagge lässt sich anhand des folgenden Bildes auflösen:

Antwort 60

Das erste Mädchen war gerade 638 Tage alt und der Junge doppelt so alt, nämlich 1276 Tage. Am nächsten Tag war das jüngste Mädchen 639 Tage alt und ihre Begleiterin 1915 Tage. Das ergab zusammen 2554 Tage und damit doppelt so viel wie das Alter des ersten Jungen, der ja jetzt mit 1277 Tagen einen Tag älter war. Am nächsten Tag brachte der Junge, nun 1278 Tage alt, seinen 3834 Tage alten Bruder mit. Ihre addierten Lebensalter ergaben 5112 Tage, gerade das Doppelte wie bei den Mädchen, die jetzt 640 bzw. 1916 Tage alt waren, was sich zu 2556 Tagen addierte.

Am folgenden Tag brachten die Mädchen (jedes natürlich wieder einen Tag älter geworden) 2558 Tage zusammen, zu denen die 7670 Tage der letzten Begleiterin zu addieren waren. Das ergab eine Summe von 10.228 Tagen, doppelt so viel wie bei den zwei Jungen, die (wieder mit den beiden hinzugekommenen Tagen) jetzt zusammen 5114 Tage aufbrachten.

Auf die 7670 Tage kommen wir, weil wir wissen, dass die junge Dame gerade ihren einundzwanzigsten Geburtstag erreicht hatte: 21 mal 365 macht 7665, wozu vier Tage wegen der Schaltjahre hinzukommen, außerdem noch ein weiterer Tag, nämlich der des einundzwanzigsten Geburtstags, der der Tag zum zweiundzwanzigsten Lebensjahr ist. (Sie erinnern sich an die Diskussionen um den Jahrtausendwechsel?)

Damit ist die Frage nach dem Alter des jüngsten Jungen zu beantworten: 1276 Tage.

Wer das Alter zu $3^1/_2$ Jahren errechnete, hat nicht bedacht, dass die Jungen und Mädchen ja jeden Tag um eben diesen Tag älter geworden waren.

Antwort 62

Sie können das Porträt von George Washington erkennen, wenn Sie von rechts in flachem Winkel auf den Baum schauen.

Das Quadrat wird zunächst in neun gleiche kleine Quadrate aufgeteilt. Dann besteht das größte der sechs geforderten Quadrate aus vier der kleinen Quadrate, dazu kommen die fünf restlichen kleinen Quadrate.

Antwort 63

Der antike griechische Mathematiker, Naturforscher und Philosoph Archimedes, dem man eine Neigung zu geschäftlichen Aktivitäten nachsagt, hatte eine Reihe von Aufträgen von herrschenden Potentaten, die es gewohnt waren, ihre Kronen einzulegen. Bei einer solchen Gelegenheit fand Archimedes folgende Ergebnisse: An der Luft wog die Krone genau 63 Unzen, aber im Wasser gewogen – wie im Bild gezeigt – hatte sie 8,2245 Kubikzoll Wasser verdrängt, wie man leicht anhand des Gewichtsunterschieds bestimmt, denn es war wohlbekannt, dass ein Kubikfuß Wasser mit 12 · 12 · 12 = 1728 Kubikzoll gerade 62,5 Pound [das amerikanische Pfund hat nicht 500, sondern nur 453 Gramm. A. d. Ü.] wiegt. Jeder Gegenstand wiegt im Wasser weniger, und zwar ebenso viel weniger, wie er entsprechend seiner Größe Wasser verdrängt; die Form spielt keine Rolle.

Es war bekannt, dass ein Kubikzoll reines Gold 10,36 Unzen und ein Kubikzoll reines Silber 5,85 Unzen wiegt; Silber wiegt also gerade mal die Hälfte von Gold. Damit lässt sich einfach berechnen, welche Zusammensetzung eine Legierung aus Silber und Gold hat, die 63 Unzen wiegt und 8,2245 Kubikzoll einnimmt.

8,2245 Kubikzoll Gold wiegen über 85 Unzen, da wir aber wissen, dass die Krone nur 63 Unzen wiegt, muss eine ganze Menge Silber eingearbeitet worden sein. 8,2245 Unzen Silber wiegen etwas mehr als 48 Unzen, also muss auch etliches an Gold in der Krone enthalten sein. Ein Rätselfreund würde sagen, wir sollten einfach einmal davon ausgehen, dass die Hälfte der Krone aus Gold besteht. Dann hätten wir 4,11225 Kubikzoll Gold und 4,1125 Kubikzoll Silber; durch einfache Multiplikation kommt man in der Summe auf 66,6595725 Unzen, es sollten aber nur 63 sein.

Daraufhin könnte der Rätselfreund sagen, wir sollten eben von einem Drittelanteil Gold ausgehen. Dann berechnen wir, dass 2,7415 Kubikzoll Gold 28,401940 Unzen wiegen, der Rest Silber (nämlich 5,4830 · 5,85) wiegt 32,075550 Unzen, macht in der Summe 60,477490 Unzen anstelle von 63. Nach diesen zwei Versuchen, von denen der erste einen zu hohen, der zweite einen zu geringen Goldanteil ergibt, gehen wir auf die im wahrsten Sinne goldene Mitte und finden, dass 34,1964 Unzen Gold und 28,8036 Unzen Silber zusammen 63 Unzen ergeben und zugleich einen Raum von 8,2245 Kubikzoll einnehmen.

Bei einem Goldpreis von 21 Dollar pro Unze wäre das in der

Krone enthaltene Gold \$ 718,12 wert, das Silber (mit 61 Cent pro Unze) \$ 17,57; die Krone hätte also einen Materialwert von \$ 735,69. Dagegen würden 63 Unzen reines Gold \$ 1323 kosten; der Goldschmied hat also etwa \$ 587,31 unterschlagen.

[Die Lösung, die Loyd hier angibt, basiert auf dem uralten Rechenverfahren der »Regula falsi«, die sich schon in den Rechenbüchern des Adam Ries findet und bis ins 20. Jahrhundert hinein auf den Volksschulen gelehrt wurde. Heute würde man schneller und eleganter den Dreisatz verwenden. A. d. Ü.]

Antwort 64

Wir erinnern uns daran, dass es Schaltjahre gibt. Daher setzen wir die Länge eines Jahres zu 52 Wochen, 1 Tag und 6 Stunden an, was dasselbe ist wie $52^5/_{28}$ Wochen. Es dauert daher 28 Jahre, bis der Bruchteil $^5/_{28}$ zu einer ganzen Zahl wird. Also sind $28 \cdot 52^5/_{28} =$ 1461 Wochen ein Zyklus von Jahren, der mit einem Samstag endet. Wegen der geforderten Aufteilung in vier oder fünf oder sechs gleiche Häufchen muss jedoch eine Anzahl von Münzen vorliegen, die ohne Rest durch vier oder fünf oder sechs teilbar ist. Daher müssen wir eine Reihe von Wochen finden, die durch 60 teilbar ist. Wir erhalten sie, indem wir 1461, was bereits durch drei teilbar ist, mit 20 malnehmen, was 29.220 ergibt. Diese Zahl ist außerdem durch $52\ ^5/_{28}$ Wochen teilbar, was 560 Jahre ergibt. So alt war das Kloster, als die angesammelten 29.220 Münzen gezählt wurden.

Antwort 65

Haben Sie es herausbekommen? Henk war mit fünfundfünfzig Schinken losgezogen. Lassen Sie uns die Lösung überprüfen und ausrechnen, wie viel er dafür eingenommen hatte.

Sein erster Kunde kaufte die Hälfte seines Bestandes und einen halben Schinken. Dabei gab Henk achtundzwanzig Schinken für 35 Gulden ab. Sein nächster Kunde nahm die Hälfte seines Bestandes und einen halben Schinken (also vierzehn Schinken) ab und schickte ihn weiter. Nun wurde er die Hälfte des Restbestandes und einen halben Schinken los, was weitere sieben Schinken ausmachte. Damit hatte er 61,25 Gulden eingenommen und noch sechs Schinken übrig.

Die Frau des Gastwirts kaufte die Hälfte seines Restbestandes und einen halben Schinken. Für diese dreieinhalb Schinken musste sie fünf Gulden zahlen, denn ein halber Schinken kostete ja so viel wie ein ganzer.

Nun traf Henk auf den Gastwirt, der ihm vom Rest, zweieinhalb Schinken, einen halben Schinken und den halben Rest abnahm, also anderthalb Schinken. Hierfür zahlte er zweieinhalb Gulden und hinterließ einen Restbestand von genau einem Schinken, der von seinem Freund gekauft wurde. Dieser erwarb die Hälfte des Restes und einen halben Schinken. Damit waren alle Schinken verkauft, und Henk trug 70 Gulden nach Hause.

Antwort 66

Die japanischen Seeminen können auf folgender Route passiert werden:

Antwort 67

Hier entsteht, wie gesagt, das griechische Kreuz, das dem Roten Kreuz sehr ähnlich ist. Die Abbildung zeigt, wie die vier Stücke auszuschneiden und zusammenzusetzen sind.

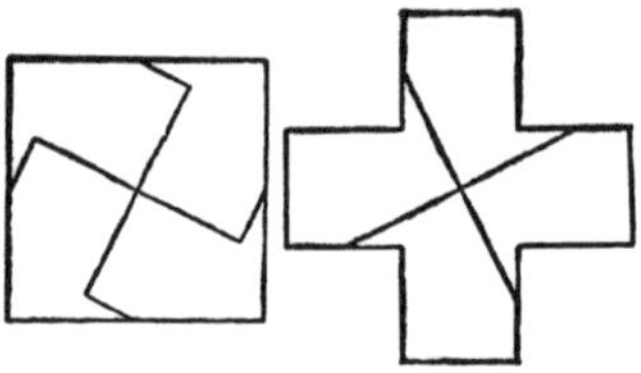

Antwort 68

Harry hatte mit 30 Cent und Jimmy mit 48 Cent begonnen. Zum besagten Zeitpunkt hatte Harry seine Barschaft auf 60 Cent verdoppelt, wobei für Jimmy noch 18 übrig waren. Dieser setzte nun alles auf eine Karte, wobei er auf 36 Cent kam. Also musste Harry 12 Cent an Jimmy zurückzahlen.

Antwort 69

Leute, die ihre Hühnchen schon vor dem Ausbrüten zählen, sind eigentlich leichtsinnig. Daher ist zu erwarten, dass wohl nur sehr wenige unter uns dem jungen Paar eine Chance geben. Wir können aber zeigen, dass die aufgemachte Rechnung in Ordnung war. Claude begann mit zwölf Hühnern, unter denen zehn Hennen waren. Im Frühling ging aus zehn Bruten je ein Dutzend Küken hervor, von denen die Hälfte Hennen waren. Damit hatte er insgesamt siebzig Hennen und zweiundsechzig Hähne. Hiervon verkaufte er achtundvierzig Grillhähnchen, damit das Anzahlverhältnis der Geschlechter erhalten blieb. Im zweiten Frühling ergaben siebzig Bruten je ein Dutzend Küken, was seinen Bestand um 420 Hühner vergrößerte und es ihm erlaubte, 336 Grillhähnchen zu verkaufen, um den Haushalt zu bestreiten. Nun hatte er 490 Hennen und 98 Hähne. Nach den nächsten Bruten mit 5880 Hühnchen, zuzüglich der 490 Hennen und 98 Hähne, hatte er die erforderlichen 6468 Hühner, und die Hypothek konnte getilgt werden.

Dabei wurde vorausgesetzt, dass jede Henne pro Jahr zwölf Eier zum Brüten beisteuert und jede Brut gleich viele Hennen und Hähne hat. Dann konnten jeweils genug Hähnchen verkauft werden, um das Anzahlverhältnis 10 zu 2 der Geschlechter aufrechtzuerhalten.

Antwort 70

[Die drei Schützen haben 50 + 10 + 5 + 3 + 2 + 1, 25 + 20 + 20 +3 + 2 + 1 und 25 + 20 + 10 + 10 + 5 + 1 Punkte erzielt. H. L.]

Antwort 72

Antwort 74

Die notwendigen Schnitte durch das Brett mit den drei Löchern:

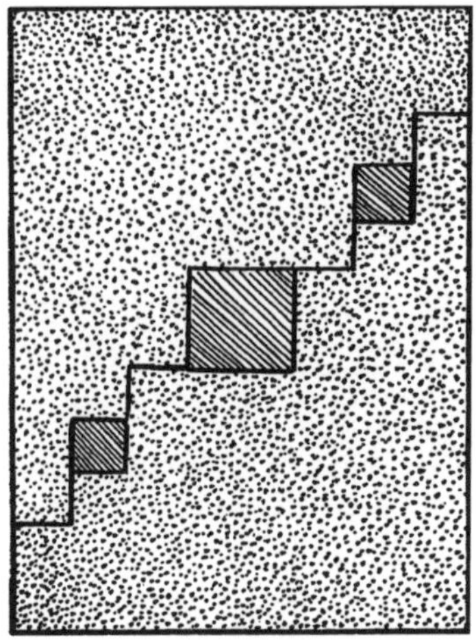

Schneiden Sie entlang der Linien von A nach Z:

Antwort 75

Die Sonnenflecken sind folgendermaßen zusammenzusetzen:

Antwort 76

Charley Smallcash und seine Liebste können dreimal so schnell fahren wie gehen. Daher sind sie nur ein Viertel der Zeit mit der Straßenbahn und drei Viertel zu Fuß unterwegs, weil sie ja den gesamten Rückweg gehen müssen. Sie fahren also zwei Stunden lang und kommen dabei 18 Meilen weit. Für den Rückweg brauchen sie sechs Stunden, was insgesamt die geforderten acht Stunden ergibt.

Antwort 77

Die perfekten Zahlen unter 10.000 sind 6, 28, 496 und 8128.

Antwort 78

Wir teilen das Dreieck folgendermaßen in vier Stücke auf und erhalten das ebenfalls gezeigte Quadrat.

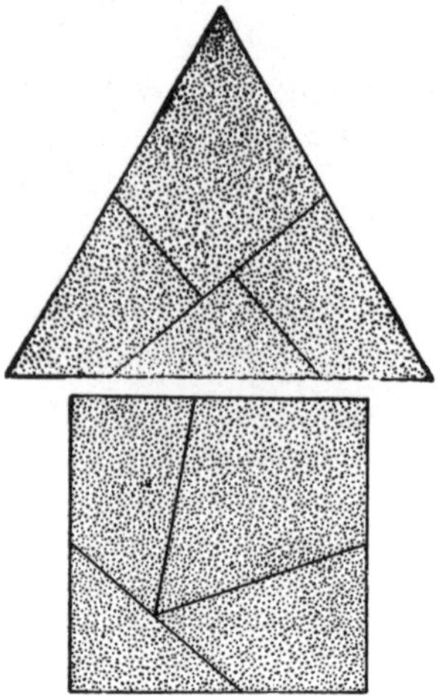

In der Dschungelwährung ist ein Affe, wie auch ein Krokodil, zwei Dollar wert. Ein Elefant ist $1^1/_3$ Dollar wert. Der Hut kostete also $5^1/_3$ Dollar.

Antwort 79

Der Postbote Peter folgt dem links dargestellten Weg mit 16 Teilstrecken. Eine weitere Teilstrecke kann er einsparen, wenn er auch schräg geht, wie rechts gezeigt ist.

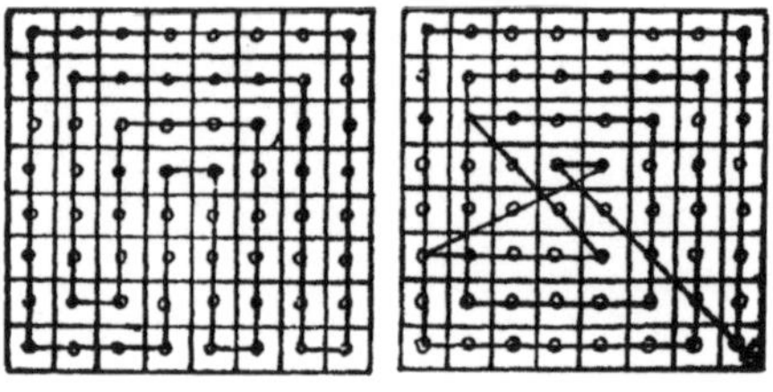

Antwort 80

Die Kosten für den Wein belaufen sich auf 798 Franc. Um seinen Gewinn von fünf Prozent zu erzielen, musste der Händler den Wein für 837,90 Franc abgeben. Er berechnete nun aber 923,80 Franc. Damit erzielte er nach Abzug der jeweils fünf Prozent für Madame und ihren Butler den notwendigen Erlös von 837,90 Franc.

Antwort 81

Die Zigeunerin verdiente in der ersten Woche $ 2,25; dies muss ja ein Betrag von weniger als drei Dollar sein, der – in Vierteldollar angegeben – durch drei teilbar ist. In der zweiten Woche verdiente sie 75 Cent und in der dritten Woche nur 25 Cent. Das ergibt zusammen $ 3,25.

Antwort 82

Das Teilen war ganz einfach: Die Jungs füllten zuerst das 3er-Gefäß und schütteten die 3 Gallonen in das 5er-Gefäß. Dann füllten sie noch einmal 3 Gallonen aus dem Fass ab und füllten das 5er-Gefäß auf. Also fehlte eine Gallone.

Antwort 83

Die Frösche des Barons können die korrekte Säule mit 516 Sprüngen aufbauen.

Antwort 84

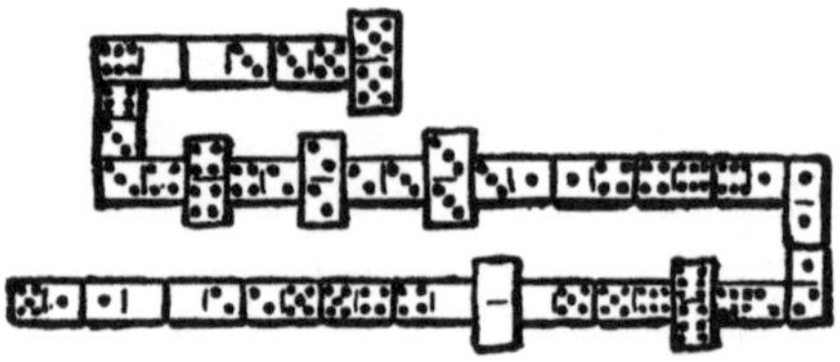

Mit Geduld und Ausdauer in Kombination mit Geschicklichkeit und einer gewissen Portion Glück kann ein guter Dominospieler zeigen, dass – entgegen einem populären Glauben – bis zu 200 Punkte im Fünfer-Domino möglich sind. Das Problem wurde vor einigen Jahren durch Mathematiker und Experten untersucht, die nach sorgfältiger Analyse das Limit mit 195 angaben. Ich habe jedoch später herausgefunden, dass bei einem hübschen Spielzug, der damals wohl übersehen worden ist, noch fünf Punkte mehr zu holen sind. Das fand ich wohl wert, dass ich es in einem meiner Rätsel präsentiere. Das Spiel kann leicht variiert werden, aber im Wesentlichen muss es so ablaufen: Man spielt mit dem 3-2 auf und baut nach und nach folgende Reihe auf: 5-5, 5-6, 6-6, 6-2, 2-1, 1-1, 1-4, 4-2, 2-2, 2-3, 3-3, 3-1, 1-6, 6-4, 4-4, 4-3, 3-6, 6-0, 0-3, 3-5, 5-0, 0-0, 0-4, 4-5, 5-2, 2-0, 0-1, 1-5.

Antwort 85

Die Länge der Stange, vier Fuß, muss durch den Aufhängepunkt im Verhältnis der beiden Teilgewichte geteilt werden. Diesen Punkt können wir als Drehpunkt eines Hebels auffassen, bei dem eine Kraft ja umso stärker wirkt, je länger ihr Hebelarm ist. Der Quotient der Längen entspricht dabei dem umgekehrten Quotienten der Gewichte. Damit der Junge 95 Pfund bzw. 95/220 des Gesamtgewichts trug, muss der Esel bei 125/220 der Stangenlänge, gemessen von der Schulter des Jungen, aufgehängt werden.

Antwort 86

König Puzzlepate zeigt, wie sogar 16 Reihen mit einer geraden Anzahl zu erzeugen sind.

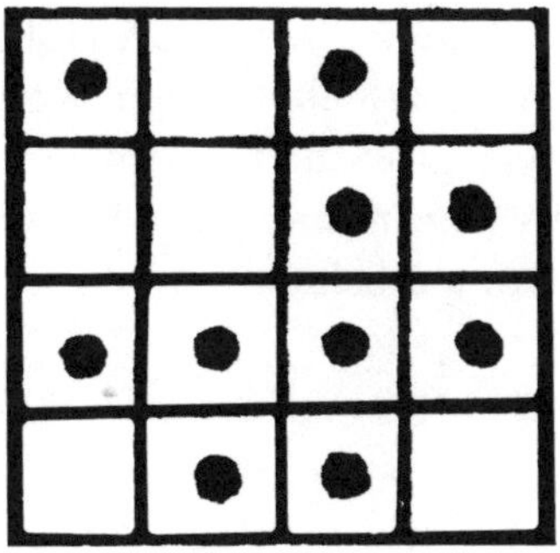

Die zweite Möglichkeit führt zu 18 Reihen, indem nur die vier mittleren Kohlköpfe entfernt werden.

Antwort 87

Das Windmühlenmonster ist folgendermaßen zu rekonstruieren:

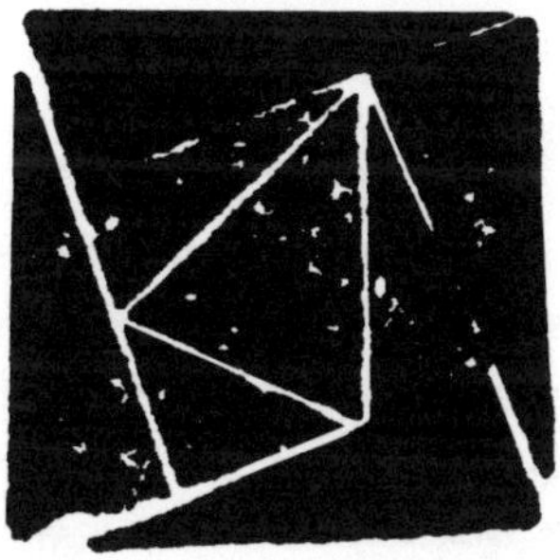

Sancho Pansa legte exakt 600 Fuß zurück, bis er schließlich im Sprungtuch liegen blieb.

Antwort 88

Dem Eigentümer steht ein Ernteanteil im Wert von 33 1/3 Dollar zu, weil der Pächter Getreide im Wert von 50 Dollar als seinen 3/5-Anteil am Ganzen entnommen hat. Gleiche Mengen an Weizen und Roggen werden mit 50 Dollar bzw. 31,25 Dollar bewertet. Weiterhin sind 13 Scheffel Weizen 8 Dollar mehr wert als 8 Scheffel Roggen. Daher sind, jeweils pro Scheffel, Weizen 1 Dollar und Roggen 62 1/2 Cent wert. Der Eigentümer hatte 53 1/3 Scheffel Roggen im Wert von 33 1/3 Dollar zu erhalten.

Antwort 89

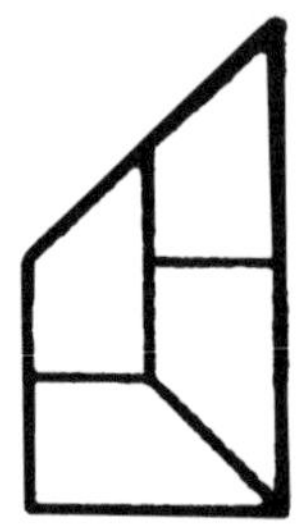

Antwort 90

Viele glauben, Frank sollte seine 30 Cent und Sammy seine 18 Cent zurückbekommen. Dann hätte jeder kostenlos gegessen. Mathematiker, die sich für gescheit halten, würden den Jungs einreden, dass Frank 30/48 und Sammy 18/48 der Melone gehörten. Demnach hätte, als Billy 16/48 kaufte, Frank 14/48, aber Sammy nur 2/48 verkauft. Weil dieser dreimal so viel von der Melone erhielt, wie sein Anteil kostete, müsste Frank 42 Cent und Sammy sechs Cent erhalten. Diese Lösung liest man in vielen Büchern. Wir brauchen aber nur Sammy zuzuhören, der uns die richtige Antwort gibt: »Wir haben die Melone für achtundvierzig Cent gekauft und ein Drittel davon zum Preis der ganzen Melone an Billy verkauft. So hatten wir beide unser Geld zurück. Jetzt gehörten mir, Sammy, 18/48 vom Rest, was 12/48 einer ganzen Melone ausmachte, und Frank gehörten 30/48 vom Rest, also 20/48 der Melone. Nun musste ich 4/48 kaufen, um die Hälfte essen zu dürfen. Dafür hatte ich an Frank vier Cent zu zahlen und behielt vierzehn Cent. Frank hatte danach vierunddreißig Cent.« Der Fehler bei der populären Lösung besteht darin, dass Frank erlaubt wird, jene 1/12 auf Sammy als Gewinn anstatt als Kosten zu übertragen. Sammy war nicht auf den Kopf gefallen!

Antwort 91

Der älteste Junge erhielt eine 50-Cent-Münze, der zweite zwei 2-Cent-Münzen und der dritte eine 2-Cent-Münze sowie zwei 1-Cent-Münzen.

Antwort 92

So kann der Elefant rennen:

Antwort 93

Ben hätte die Arbeit in $12\frac{12}{29}$ Tagen erledigt, und Bill hätte 48 Tage gebraucht. Gemeinsam hätten sie also $9\frac{63}{72}$ Tage lang mähen müssen.

Jake, der allein neun Tage gebraucht hätte, war offensichtlich zehn Schilling pro Tag wert, erhielt also für die fünf Tage 50 Schilling. Ben, der 40 Schilling hätte erhalten sollen, erhielt 9 1/4 Schilling weniger, da dieser Betrag an Bill entsprechend dessen Arbeitsanteil ging. Also hätte er 48 Tage gebraucht, um 90 Schilling zu verdienen.

Antwort 94

Die drei Töchter erhielten zusammen 35 Dollar pro Jahr. Im ersten Jahr war die Älteste, Phoebe, zehn Jahre alt, Martha acht und Mary Ann zwei. Sie erhielten daher 17,50 bzw. 14 bzw. 3,50 Dollar. Fünf Jahre später, als die sechste Zahlung fällig war, belief sich die Summe ihrer Lebensalter auf fünfunddreißig Jahre. Nun erhielt Phoebe 15 Dollar, also ein Siebentel weniger als beim ersten Mal. Martha bekam 13 Dollar und damit 1 Dollar weniger als bei der ersten Zahlung, und Mary Ann stand mit 7 Dollar das Doppelte ihres ersten Anteils zu.

Antwort 95

Weil auf dem Regalbrett – wie üblich – der erste Band links vom zweiten Band steht, muss sich der Bücherwurm nur durch zwei Buchdeckel bohren. Dazu braucht er nicht mehr als zwei Stunden.

Antwort 96

Halten Sie das Bild vor einen Spiegel. In der im Spiegel sichtbaren Stellung werden die Zeiger in genau sechs Stunden, zehn Minuten und 50 Sekunden stehen. Der Sekundenzeiger steht in zwölf Stunden 1437-mal zwischen Stunden- und Minutenzeiger (zwölf Stunden sind 43.200 Sekunden), d. h. etwa alle dreißig Sekunden. Daraus ergibt sich die auf dem Zifferblatt gezeigte Stellung der Zeiger als die nächste mögliche Dreiteilung.

Ein Pendel mit einer Länge von 52,03 Zoll (132,15 cm) schwingt in einer Minute 52,03-mal. Wenn Sie die Zahl nicht selbst berechnen können, glauben Sie es mir einfach so.

Antwort 97

Das Alter der Dame plus die Hälfte plus ein Drittel ihres Alters plus neun Jahre ergibt – laut ihrer Antwort – 70 Jahre. Also sind 61 Jahre gleich elf Sechsteln ihres Alters, das daher $33\,^{3}/_{11}$ Jahre beträgt. Das Alter des Volkszählungshelfers spielt dabei keine Rolle.

Antwort 98

Wenn sechzehn Spieler antreten und den Herausforderer des Vorjahres-Champions ausspielen, dann stehen die Chancen für jeden bei 32 zu 1 gegen ihn, letztlich den Pokal zu erringen. Dazu müssen ja die ersten vier Runden und dann noch das Endspiel gegen den Vorjahres-Champion gewonnen werden.

Antwort 99

Beim Werfen von drei Würfeln gibt es insgesamt $6 \cdot 6 \cdot 6 = 216$ Möglichkeiten, wie sie fallen. Von diesen haben aber nur 42 eine gesamte Augenzahl von sieben oder elf. Daher liegt die Gewinnchance bei 42 zu 216.

Antwort 100

Auf jeden Fall waren zu Beginn 5 Dollar zu zahlen. Dann hatte die Frau die Wahl: entweder eine sofortige Zahlung von weiteren 60 Dollar oder 14 Monatsraten zu je 5 Dollar. Wir müssen also herausfinden, wie lange sie dabei über das Geld noch verfügen konnte. Sie hatte 60 Dollar im ersten Monat, 55 Dollar im nächsten, 40 Dollar im wiederum nächsten und danach 45 Dollar, 40 Dollar, 35 Dollar, 30 Dollar, 25 Dollar, 20 Dollar, 15 Dollar, 10 Dollar bzw. 5 Dollar. Das entspricht in zwölf Monaten einer durchschnittlichen Schuld von 30 Dollar. Und 10 Dollar Zinsen dafür entsprechen einem Jahreszins von über 33 Prozent!

Antwort 101

Offenbar hat sich hier jemand einen Scherz erlaubt, denn der oberste Teil eines Rades bewegt sich ebenso schnell fort wie der unterste. Wenn sich die Frage auf eine Markierung am Reifen bezöge, wäre die Antwort eine andere. Der oberste Teil des Rades ist der höchste Punkt und kann sich nicht bewegen, denn sobald sich das Rad auch nur ein ganz klein wenig weitergedreht hat, ist er nicht mehr der höchste Punkt.

Antwort 103

Der Edelstein ist folgendermaßen zu teilen:

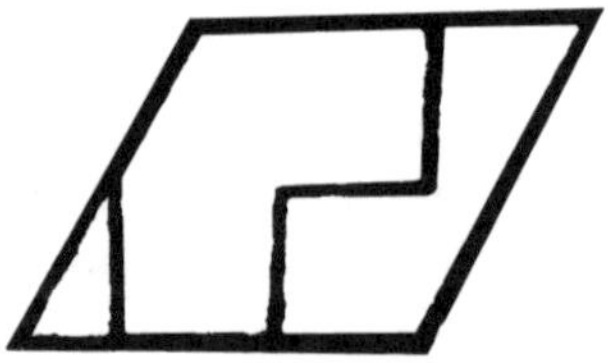

Antwort 104

Kittie hatte sieben Pennys, ihr Bruder Harry hatte fünf Pennys.

Antwort 105

Schauen Sie in ganz flachem Winkel von unten auf das Blatt. Dann zeigt sich das Porträt eines Esels.